撰稿人员名单

策　　划：沈长春

撰稿人员：戴天元　庄之栋　刘　勇　蔡建堤　马　超　徐春燕

文字撰写：戴天元

文字修改：刘　勇　蔡建堤　沈长春　庄之栋

图件绘制：庄之栋　戴天元

渔具调查参加人员：

沈长春　刘　勇　洪明进　蔡建堤　叶泉土　戴天元

福建省捕捞渔具渔法与管理研究

沈长春　戴天元　蔡建堤　庄之栋
刘　勇　马　超　徐春燕　叶孙忠　◎编著

厦门大学出版社
XIAMEN UNIVERSITY PRESS
国家一级出版社
全国百佳图书出版单位

图书在版编目(CIP)数据

福建省捕捞渔具渔法与管理研究/沈长春等编著.—厦门:厦门大学出版社，2018.5
ISBN 978-7-5615-7021-0

Ⅰ.①福… Ⅱ.①沈… Ⅲ.①渔具②渔业法-中国 Ⅳ.①S972②D922.65

中国版本图书馆 CIP 数据核字(2018)第 110939 号

出 版 人 郑文礼
责任编辑 陈进才
封面设计 蒋卓群
技术编辑 许克华

出版发行 厦门大学出版社
社　　址 厦门市软件园二期望海路 39 号
邮政编码 361008
总 编 办 0592-2182177 0592-2181406(传真)
营销中心 0592-2184458 0592-2181365
网　　址 http://www.xmupress.com
邮　　箱 xmup@xmupress.com
印　　刷 厦门市万美兴印刷设计有限公司

开本 787 mm×1 092 mm 1/16
印张 9.75
插页 2
字数 260 千字
版次 2018 年 5 月第 1 版
印次 2018 年 5 月第 1 次印刷
定价 39.00 元

厦门大学出版社
微信二维码

厦门大学出版社
微博二维码

内容提要

本书是关于福建省捕捞结构、捕捞渔具数量、组成结构、地区分布现状，分渔具的渔船数量、功率、吨位、产量、渔具数量变化，渔具渔法与管理的著作。主要内容为：福建省捕捞结构、福建省渔具类型及其分布、福建省渔具渔法，并附有农业部关于实施海洋捕捞准用渔具和过渡渔具最小网目尺寸制度的通告及海洋捕捞准用渔具最小网目（或网囊）尺寸标准、海洋捕捞过渡渔具最小网目（或网囊）尺寸标准，福建省海洋渔具调查表、福建省内陆渔具调查表和相关参考文献。本书是适应目前福建省渔具渔法管理的需要，在2009年福建省渔具全面普查资料基础上编辑而成，可为福建省渔具渔法的管理提供技术参考。

前 言

渔业资源是人类的宝贵财富。然而，多年来，由于受到气候变化、环境污染及人类活动三大因素的影响，渔业资源的可持续利用面临挑战，人们清醒地认识到，为了遏制渔业资源日益下降的趋势，迫切需要从渔业活动的生产工具着手，对渔具的结构和性能进行调查、评估，分析研究不同渔具的捕捞能力及其对资源环境的影响，提出作业结构优化调整和渔业资源可持续利用的捕捞业管理建议。

我国政府对捕捞渔具的调查、评估工作历来十分重视。新中国成立以来，福建省曾先后开展了 3 次大规模的渔具、渔法调查，第一次是在 1962 年，通过调查整理后，出版了福建省第一部《福建省海洋渔具调查报告》；相隔 20 年后，1983 年，我省又开展了第二次全省海洋渔具调查和区划，出版了《福建省海洋渔具图册》和《福建省海洋渔具》2 部专著。时光又过了 25 年，2009 年，为贯彻落实农业部办公厅《关于开展全国捕捞业渔具渔法调查工作的通知》(农办渔[2009]50 号)的精神，福建省海洋与渔业厅又组织开展了全省渔具普查工作；在福建省海洋渔业厅的领导下，县级渔业行政主管部门组织有关业务人员组成调查组，具体负责本县(市、区)渔具调查；福建省水产研究所负责编写渔具、渔法调查培训教材，举办渔具、渔法调查专题讲座，承担技术指导、调查材料、分析、审核、汇总等工作，最后形成了《福建省捕捞业渔具渔法调查报告》。

为了方便基层管理部门学习和宣传渔具、渔法知识，为渔业捕捞许可管理和执法管理提供参考，为从事捕捞活动的生产者提供直接方便的工具，在《福建省捕捞业渔具渔法调查报告》的基础上，我们对 2009 年的调查成果进行整理、分析和提升，最后形成了本专著。

本著作既从技术角度较客观地反映了福建省捕捞业渔具、渔法现状，又从管理层面上探讨了渔业资源养护与捕捞作业的管理策略，为福建省捕捞结构的优化、调整提供了科学参考。由于时间仓促，业务水平有限，本书还存在一些不足之处，敬请批评指正。

编著者

2017 年 12 月 10 日

目 录

第一篇 概论

第一章 项目由来 …………………………………………………………………… 3

第二章 调查规范、内容和方法 ……………………………………………………… 4

第二篇 福建省捕捞渔具类型和分布

第一章 福建省捕捞渔具种类………………………………………………………… 9

第一节 分类与命名……………………………………………………………………… 9
第二节 渔具类别………………………………………………………………………… 9

第二章 福建省捕捞结构 …………………………………………………………… 12

第一节 分类渔具数量与组成 ………………………………………………………… 12
第二节 分渔具从业渔船数量和功率 ………………………………………………… 13
第三节 分渔具年产量比例变化 ……………………………………………………… 15

第三章 福建省捕捞渔具分布 ……………………………………………………… 16

第一节 地区分布 ……………………………………………………………………… 16
第二节 种类分布 ……………………………………………………………………… 17
第三节 作业海域分布 ………………………………………………………………… 19

第三篇　福建省海洋捕捞渔具渔法状况

第一章　刺网类 …… 23

第一节　捕捞原理及作业渔场、渔期 …… 23
第二节　历史沿革及渔业地位 …… 24
第三节　发展前景与管理意见 …… 26
第四节　漂流三重刺网 …… 29
第五节　漂流单片刺网 …… 32
第六节　定置三重刺网 …… 34
第七节　定置单片刺网 …… 37
第八节　漂流双重刺网 …… 39
第九节　其他流刺网 …… 40

第二章　围网类 …… 43

第一节　作业原理及渔场渔期 …… 43
第二节　历史沿革及渔业地位 …… 44
第三节　发展前景与管理 …… 46
第四节　单船无囊围网 …… 47
第五节　单船有囊围网 …… 50

第三章　拖网类 …… 53

第一节　捕捞原理及作业现状 …… 53
第二节　历史沿革及渔业地位 …… 54
第三节　发展前景 …… 56
第四节　单船底层有翼单囊拖网 …… 57
第五节　双船底层有翼单囊拖网 …… 65
第六节　双船底层单片多囊拖网 …… 68
第七节　单船底层桁杆多囊拖网 …… 70

第四章　张网类 …… 73

第一节　捕捞原理及渔场、渔期和渔获组成 …… 73
第二节　历史沿革及渔业地位 …… 75
第三节　发展前景及渔业管理 …… 77
第四节　单桩框架张网 …… 80
第五节　双桩有翼单囊张网 …… 82
第六节　单锚张网 …… 84
第七节　双锚有翼单囊张网 …… 87

第八节 双锚张纲张网 …… 88

第五章 钓具类 …… 91

第一节 作业基本原理作业现状 …… 91
第二节 历史沿革与渔业地位 …… 93
第三节 发展前景与渔业管理 …… 95
第四节 延绳钓 …… 97
第五节 垂钓 …… 101

第六章 耙刺类 …… 105

第一节 捕捞原理及作业现状 …… 105
第二节 定置延绳耙刺 …… 106
第三节 拖曳齿耙耙刺 …… 108

第七章 陷阱类 …… 110

第一节 捕捞原理及作业现状 …… 110
第二节 拦截插网陷阱 …… 111

第八章 笼壶类 …… 113

第一节 捕捞原理及作业现状 …… 113
第二节 历史沿革与渔业地位 …… 114
第三节 渔业管理 …… 116
第四节 定置延绳倒须笼 …… 116
第五节 定置折叠倒须笼 …… 118

第九章 杂渔具 …… 121

第一节 捕捞原理及作业现状 …… 121
第二节 地拉网 …… 122
第三节 敷网 …… 123
第四节 抄网 …… 129
第五节 掩罩类 …… 131
第六节 漂流多层帘式敷具 …… 133

附 录 …… 135

附表 1 福建省沿海地市渔具渔法调查表 …… 140
附表 2 福建省内陆渔具渔法调查表 …… 145

参考文献 …… 147

第一篇

概　论

第一章 项目由来

本著作是在《福建省捕捞业渔具渔法调查报告》的基础上编写而成。2009 年 7 月，福建省海洋与渔业厅为贯彻落实农业部办公厅《关于开展全国捕捞业渔具渔法调查工作的通知》(农办渔[2009]50 号)的精神，制定了《福建省捕捞业渔具渔法调查工作实施方案》(闽海渔[2009]248 号)，并成立了全省捕捞业渔具渔法调查工作领导小组。调查工作由福建省海洋与渔业厅负责组织实施；各设区市负责指导本辖区县(市、区)渔业行政主管部门开展渔具调查工作；县级渔业行政主管部门负责组织有关业务人员组成调查组，具体负责本县(市、区)渔具调查和表格填写；福建省水产研究所负责编写渔具渔法调查培训教材，举办渔具渔法调查专题讲座，承担技术指导以及调查材料的分析、审核、汇总等工作。福建省水产研究所抽调了捕捞、渔业资源、海洋生态、网络技术等专业技术人员 13 名参加此项工作，于 2009 年 7 月 22 日在厦门举办福建省渔具渔法研讨会，对福建省海洋与内陆渔具渔法进行专题研讨，编写了渔具渔法培训材料和开发网络填报系统软件，2009 年 8 月 29 日在福州举办全省渔具渔法调查培训班，全省沿海设区市、县(市、区)和内陆设区市、重点县(市、区)渔业行政主管部门负责人以及具体负责渔具渔法调查工作人员共 105 人参加了培训。在调查期间，福建省水产研究所共派出 10 多位渔具渔法技术专家和管理人员到全省重点县(市、区)进行指导，及时解决技术问题，使这项工作任务得以圆满完成。

第二章 调查规范、内容和方法

1. 调查规范

调查有效截止时间为2008年7月，调查项目包括其时正在从事捕捞作业所携带的作业渔具，根据《中华人民共和国渔业法》及福建省实施办法等法律、法规许可的捕捞作业及其渔具、渔法，不包含各种研究部门正在试验、研发、未定型的渔具。调查范围仅限于本省登记捕捞作业或在本省水域中捕捞使用的渔具。

2. 调查内容

(1)各种渔具类型的学名、地方名、最小网目尺寸、渔具主尺度(长度、规格或灯光强度)、单船渔具携带数量、主要捕捞品种、渔法作业原理、幼鱼比例、渔具示意图等；

(2)各种作业类型的渔具数量、地域分布等；

(3)各种作业类型的渔具使用和管理中存在的问题。

3. 调查方法

以县(市、区)为单位进行调查。沿海和内陆重点渔业县的渔业主管部门抽调管理干部、渔政执法人员及技术人员共同组成渔具渔法调查组，渔政人员负责调查工作的组织、协调及调查表格填写工作。技术方面接受福建省水产研究所技术专家组指导。

各县(市)调查工作以渔具实物为基础，采取观察、询问、测量等方法，真实、准确地调查核实所在县(市)捕捞渔具的类别、作业方式、渔具数量、分布地区等。要求每种渔具渔法填写一份“渔具渔法调查表”，每种作业类型填写一份“渔具渔法调查汇总表”。

为了高效、完整地完成调查工作，我省采用数字信息系统技术支持大量调查数据的繁重工作量。调查技术专家组根据《关于开展全国捕捞业渔具渔法调查工作的通知》技术要求和渔具调查规范建立数据信息系统——《福建省捕捞业渔具渔法调查》填报系统设在福建省水产研究所网页上。各县调查人员在电子网络上填报“渔具渔法调查表”和“渔具渔法调查记录表”，上传至各区市和省海洋与渔业厅，并以纸质材料签名盖章逐级报送至福建省海洋与渔业厅备份。

调查技术专家组对全省渔具渔法的调查工作人员进行技术培训、在全省各县市进行技术巡视指导、核实渔具渔法作业类型、及时解决技术问题，督促检查调查进度，进行全省调查数据的集成和处理，最后完成福建省捕捞业渔具渔法调查表和汇总表数据集成成果资料及调查报告(图 1-2-1)。

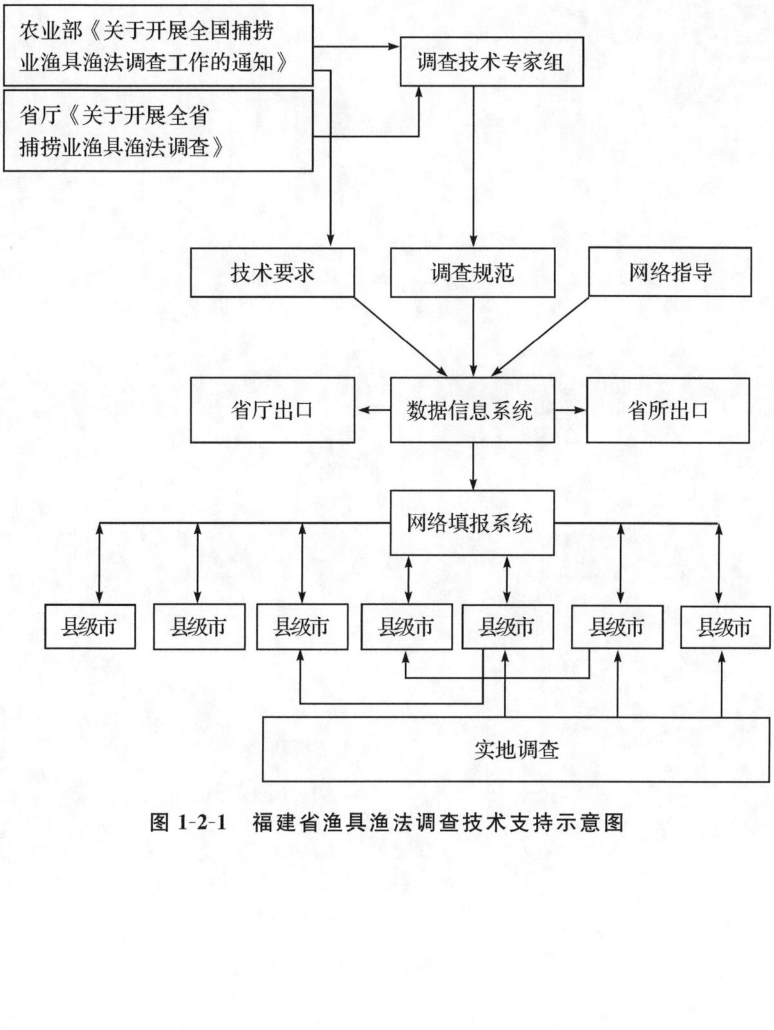

图 1-2-1　福建省渔具渔法调查技术支持示意图

第二篇

福建省捕捞渔具类型和分布

第一章　福建省捕捞渔具种类

据调查统计，福建省捕捞渔具有刺网、围网、拖网、张网、陷阱、钓具、耙刺、笼壶和杂渔具（地拉网、敷网、抄网、掩罩及其他杂渔具）9 大类，38 种作业型式，渔具总数量达 2944981 张（个、顶）。

第一节　分类与命名

福建省捕捞渔具分为海洋渔具和内陆渔具两大部分。由于捕捞结构、作业方式不同，渔具种类繁多，且各地对同一渔具的称谓各异。为便于渔业管理部门的管理与执法，本报告依据《渔业捕捞许可管理规定》（2007 年 11 月 8 日农业部令第 6 号修订）中的规定，海洋捕捞渔具作业类型分为刺网、围网、拖网、张网、钓具、耙刺、陷阱、笼壶和杂渔具 9 大类，其中杂渔具类中包括敷网、抄网、掩罩、地拉网等；内陆渔具作业类型则分为刺网、拖网、张网、钓具、耙刺、陷阱、笼壶和杂渔具 8 大类，其中杂渔具类中包括敷网、抄网、掩罩、地拉网等。

渔具的分类名称则根据国家标准 GB/T5147—2003《渔具分类、命名及代号》中的规定来划分，依据捕捞原理、结构特征和作业方式，采用类、型、式三级分类，渔具分类名称按“式”“型”“类”顺序排列书写，即：“式”＋“型”＋“类”＝ 渔具分类名称。

第二节　渔具类别

根据 2009 年调查及统计结果，福建省调查统计的俗名或地方名的捕捞渔具共 113 种，按《渔业捕捞许可管理规定》中的 9 大类以及渔具分类名称归为 38 种。其中：

刺网类：有 3 型 2 式，渔具地方名 35 种；围网类：有 2 型 1 式，渔具地方名 4 种。

拖网类；有 3 型 2 式，渔具地方名 12 种；张网类：有 4 型 4 式，渔具地方名 15 种。

钓具类：有 2 型 3 式，渔具地方名 17 种；耙刺类：有 3 型 3 式，渔具地方名 6 种。

陷阱类：有 2 型 2 式，渔具地方名 4 种；笼壶类：有 1 型 2 式，渔具地方名 10 种。

杂渔具类：敷网类有2型2式，抄网类1型1式，掩罩类1型1式。漂流多层帘式敷具，共1型1式，地拉网，共1型1式。渔具地方名13种。调查统计的渔具分类名称、俗名或地方名及其分类，见表2-1-1。

表2-1-1 福建省捕捞渔具分类表

渔具分类名称	俗名或地方名	分类		
		类	型	式
定置单片刺网	角仔绫、一层绫、龙头鱼濂、面鱼濂、单层濂、单层刺网	刺网	单片	定置
定置三重刺网	三层绫、鲨鱼绫、三重角仔绫、蟹濂、跳网、三层刺网、三层网		三重	
漂流单片刺网	角子绫、蟹绫、鲳濂、马鲛濂、鲨鱼濂、大目绫、指仔绫、鳓鱼濂、濂仔、莲及大眼		单片	漂流
漂流双重刺网	双重刺网		双重	
漂流三重刺网	三重濂、浮绫、流绫、深水濂、蟹绫、虾绫、鲳鱼濂、马鲛绫、绫仔、丝网、洲濂、潭濂、三层刺网		三重	
单船无囊围网	封网、灯光围网	围网	无囊	单船
单船有囊围网	灯光围网罾、三脚(角)虎		有囊	
单船有翼单囊拖网	单拖、大网、疏目快拖、快拖	拖网	有翼单囊	单船
单船底层桁杆拖网（双囊、多囊）	虾拖网、桁杆拖网		桁杆	
双船有翼单囊拖网	双拖、底拖、大目网、疏目快拖、快拖		有翼单囊	双船
双船底层单片多囊拖网	百袋网		多囊	
单锚框架张网	锚张网、鳗苗网	张网	框架	单锚
单锚桁杆张网	毛虾网		桁杆	
双锚张纲张网	猛艚		张纲	双锚
双锚有翼单囊张网	腿罾、板罾、大猛、蚱罾、筒猛、竹桁、鲎脚网		有翼单囊	
多锚有翼单囊张网	大猛		有翼单囊	
单桩张网	冬猛、轻网、虾荡网		框架 桁杆	单桩
双桩张网	七星网		有翼单囊	双桩
定置延绳真饵单钩	连钓、大滚、鳗鱼滚、鳗鱼钓、叫姑鱼滚、滚钩、放钩等	钓具	真饵单钩	定置延绳
漂流延绳真饵单钩	白鱼滚、鳗鱼钓、鳗鱼滚、吧哏滚、鳓鱼滚、冬滚			漂流延绳
垂钓真饵单钩	石斑鱼手钓、鱿鱼单线钓、鲶鱼单门钓、鲶鱼手钓			垂钓
垂钓拟饵复钩	鱿鱼手钓等		拟饵复钩	垂钓

续表

渔具分类名称	俗名或地方名	分类		
		类	型	式
拖曳齿耙耙刺	蛤耙、贝耙	耙刺	齿耙	拖曳
定置延绳滚钩耙刺	滚钩钓、绊钩钓、空钩钓		滚钩	定置延绳
铲耙锹铲耙刺	文昌鱼铲		锹铲	铲耙
拦截插网陷阱	吊墘、迷魂网等	陷阱	插网	拦截
导陷建网陷阱	起落网、篙猛		建网	导陷
定置延绳倒须笼壶	蟹笼、蟳笼、渔笼、螺笼、章鱼笼、土母笼	笼壶	倒须	定置延绳
散布倒须笼壶	蜈蚣网、地龙网、火车网、串网			散布
船敷箕状敷网	鱿鱼敷网、鱼敷罾	杂渔具	箕状	船敷
船敷撑架敷网	船罾、船头荡、扳罾		撑架	
岸敷撑架敷网	吊罾、扳罾、灯光诱捕罾			岸敷
推移兜状抄网	抄网		兜状	推移
抛撒掩网掩罩	抄网等		掩网	抛撒
漂流多层帘式敷具	飞鱼卵草帘		帘式	漂流
地拉网	地曳网、地拉猛、搬山网、大猛		桁杆	船布

第二章　福建省捕捞结构

福建省捕捞渔具共有38种作业型式。按分布区域看，沿海捕捞渔具有9大类、34种作业型式；内陆捕捞渔具有8大类、21种作业型式（表2-2-1）。

第一节　分类渔具数量与组成

根据2009年的调查，福建省捕捞渔具有9大类别，渔具总数量达2944981张（个、顶）。其中，刺网类渔具数量最多，占渔具总数量的65.11%；笼壶类渔具数量位居第二，占28.45%；张网类渔具数量位居第三，占2.47%；钓具类、拖网类、陷阱类、围网类、耙刺类和杂渔具6大类别的渔具数量仅合占3.97%（表2-2-1、图2-2-1）。

按分布区域看，沿海地区捕捞渔具有刺网、围网、拖网、张网、陷阱、钓具、耙刺、笼壶和杂渔具9大类；内陆地区捕捞渔具有刺网、拖网、张网、陷阱、钓具、耙刺、笼壶和杂渔具8大类（表2-2-1）。

表2-2-1　福建省沿海和内陆不同类别捕捞渔具的数量分布表（单位：顶、个、张）

序号	作业类别	沿海渔具	内陆渔具	小计
1	刺网类	1877164	40290	1917454
2	围网类	786	—	786
3	拖网类	34221	20	34241
4	张网类	72630	200	72830
5	钓具类	17201	40214	57415
6	笼壶类	798127	39697	837824
7	陷阱类	9903	548	10451
8	耙刺类	212	50	262
9	杂渔具	11533	2185	13718
合　计		2821777	123204	2944981

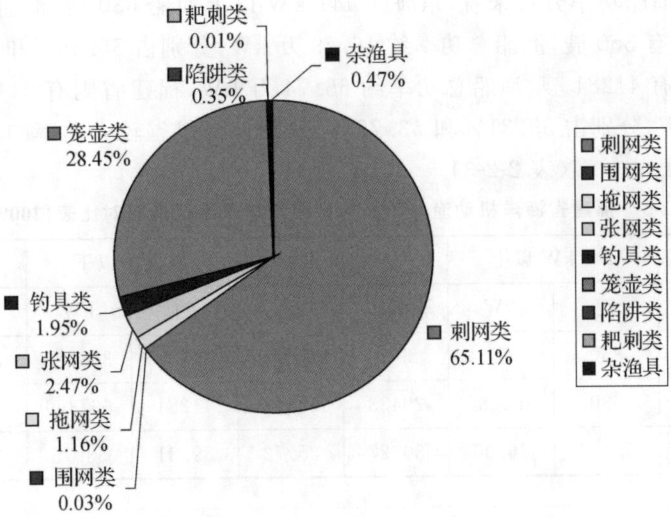

图 2-2-1　福建省捕捞渔具不同作业类别的渔具数量组成

第二节　分渔具从业渔船数量和功率

1. 渔船数量和渔船功率

根据2009年东海区3省1市(江苏省、浙江省、福建省、上海市)开展海洋捕捞渔具调查数据,全东海区的机动渔船总数为71344艘,渔船总功率约612万kW(表2-2-2),当时,福建省的渔船总数为33745艘,渔船总功率为183.69万kW,分别占东海区的47.30%和29.98%。其中刺网、围网、拖网、张网、钓渔业生产的渔船数量各自占的比例依次为58.49%、76.06%、28.27%、43.68%和67.60%,渔船总功率所占比例依次为35.21%、53.69%、25.59%、21.83%和23.83%。可以看出,我省的海洋捕捞渔船数量占东海区近一半,尤其是刺网类、围网类、钓具类的渔船数量均超过半数;渔船功率所占比例相对低些,近三分之一,也是在3省1市的平均数以上。渔船数量仅是一个量的概念,渔船功率则表征了捕捞努力量,说明,在东海区三省一市的海洋捕捞业中,福建省所投入的捕捞力量相对较高。

表 2-2-2　福建省分渔具海洋机动渔船与东海区渔船对比表(2009年)

地区		分类						总数
		刺网类	围网类	拖网类	张网类	钓具类	其他	
福建省	艘	11938	1061	4606	7271	1421	7448	33745
	kW	329844	114954	828054	212675	48133	303227	1836887
东海区	艘	20411	1395	16293	16645	2102	14498	71344
	kW	936705	214089	3235867	974078	202018	564457	6127214
福建省占比例	渔船数(%)	58.49	76.06	28.27	43.68	67.60	51.37	47.30
	功率(%)	35.21	53.69	25.59	21.83	23.83	53.72	29.98

从海洋捕捞渔船功率分级来看，东海区441 kW以上渔船630艘、渔船总功率约36.51万kW，福建省则有350艘，渔船总功率约16.79万kW，分别占55.56%和46.00%；东海区44 kW以下渔船有41281艘、渔船总功率约66.74万kW，福建省则有24485艘，渔船总功率约35.87万kW，分别占59.31%和53.75%。表明，福建省较大功率的渔船和较小功率渔船数量和功率数均较多(表2-2-3)。

表2-2-3 福建省海洋机动渔船不同功率级别与东海区渔船对比表(2009年)

地区	441 kW以上		45～440 kW		44 kW以下		总数	
	艘	kW	艘	kW	艘	kW	艘	kW
福建省	350	167934	8910	1310238	24485	358715	33745	1836887
东海区	630	365082	29433	5094772	41281	667360	71344	6127214
福建省占比例(%)	55.56	46.00	30.27	25.72	59.31	53.75	47.30	29.98

2.渔船年产量

2009年，东海区海洋捕捞年产量约为515.44万t，拖网作业的年产量最多，约为247.47万t，张网作业次之，约为126.45万t，最少为钓具约为8.92万t。福建省的海洋捕捞年产量约为185.93万t，占东海区海洋捕捞年产量的36.07%。在分渔具产量中，同样是拖网作业的年产量最多，约为72.79万t，张网作业次之，约为43.92万t，最少是钓具，约为3.94万t。福建省分渔具捕捞产量在东海区的分量，除其他渔具外，福建省围网渔具年产量占约53.57%，其次为钓具，占44.20%，拖网类最小，仅占29.41%，表明，福建省根据渔业资源的变化情况，开发了一些尚有一定潜力的渔业资源种类，如鲐鲹等中上层鱼类、甲壳类、头足类资源，适度利用了围网、刺网、钓具等渔具选择性较好的渔具，捕捞结构相对优化(表2-2-4)。

表2-2-4 福建省海洋捕捞作业年产量与东海区年产量对比表(2009年，单位：t、%)

省市	分类						总数
	刺网类	围网类	拖网类	张网类	钓具类	其他	
福建省	244582	190608	727878	439221	39403	217566	1859258
东海区	599311	355844	2474749	1264470	89156	370894	5154424
福建省占比例(%)	40.81	53.57	29.41	34.74	44.20	58.66	36.07

3.福建渔业在东海区渔业的地位

从福建省的捕捞产量占东海区的分量看，福建省的海洋捕捞年产量占36.07%，即占3省1市的平均数以上，表明，福建省的海洋捕捞业在东海区3省1市的海洋捕捞业中处于上游位置。分析其投入产出比，福建省海洋捕捞业投入的渔船功率占东海区海洋捕捞业投入渔船功率的29.98%，但年产量却占36.07%，说明，福建省捕捞效率较高，即投入产出比较高(表2-2-2，表2-2-3，表2-2-4)。

第三节　分渔具年产量比例变化

2007 年以来，在我省捕捞产量中，拖网产量比重一直占主导地位，在 36.46%～44.38%之间变化，2010 年达最高值 44.38%，近 2 年来有所降低，降低了 4～5 个百分点；而围网产量比重上升较明显，从 2007 年的 10.45%上升至 2016 年的 21.58%，尤其是近 2 年来，上升的幅度较大；刺网的产量比重变化不大，10 年来在 10.69%～15.54%之间变化；张网的产量比重下降明显，从 2007 年的 24.58%下降至 2016 年的 14.89%；钓具产量比重变化不明显（表 2-2-5）。从整体来看，我省捕捞结构的调整取得了较好的成效。对经济幼鱼损害较大，张网产量比重下降明显，经济幼鱼损害较大且对海洋环境生态破坏较大的拖网产量比重有所降低，而渔具选择性较好，对环境影响较小的围网产量比重提升较快。

表 2-2-5　2007—2016 年福建省捕捞分渔具年产量比例变化趋势(单位:%)

年份	拖网	围网	刺网	张网	钓具
2007	40.68	10.45	10.69	24.58	1.90
2008	39.21	10.09	13.16	24.51	1.84
2009	39.15	10.25	13.15	23.62	2.12
2010	44.38	10.13	15.54	15.75	3.07
2011	42.89	11.21	12.51	18.13	3.99
2012	41.30	13.11	14.29	16.34	3.95
2013	41.18	13.53	13.60	16.83	3.88
2014	40.44	15.43	14.10	15.98	3.45
2015	37.90	18.67	13.67	15.17	4.05
2016	36.46	21.58	13.87	14.89	2.82

第三章 福建省捕捞渔具分布

第一节 地区分布

根据 2009 年调查，福建省捕捞渔具总数量达 2944981 张(个、顶)。其中，沿海渔具数量占绝大多数，渔具数量有 2821777 张(个、顶)，占全省渔具总数量的 95.82%；内陆渔具数量仅有 123204 张(个、顶)，占全省渔具总数量的 4.18%。

从福建省各地市捕捞渔具数量的地域分布看，在全省 9 个设区市中，莆田市渔具数量最多，数量有 1223574 张(个、顶)，占全省渔具总数量的 41.55%。其他地区渔具数量依次为：漳州市 717571 张(个、顶)，占 24.37%；福州市 390750 张(个、顶)，占 13.27%；宁德市 279217 张(个、顶)，占 9.48%；泉州市 144850 张(个、顶)，占 4.92%；三明市 75142 张(个、顶)，占 2.55%；厦门市 65815 张(个、顶)，占 2.23%；南平市 27807 张(个、顶)，占 0.94%，龙岩市 20255 张(个、顶)，占 0.69%(图 2-3-1)。

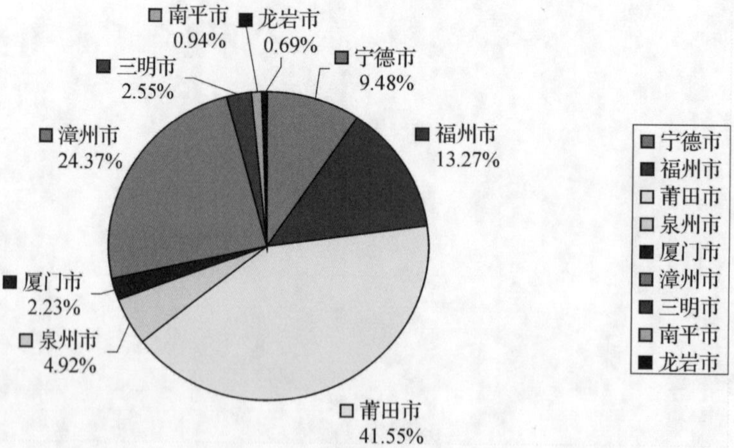

图 2-3-1 福建省各地市捕捞渔具的数量所占比例

第二节　种类分布

渔具种类的分布主要受捕捞品种、渔场特点及传统作业方式的影响，在沿海地区，渔具种类分布较为齐全，几乎涵盖 9 大类渔具。福州市除耙刺类外，有 8 大类；漳州除陷阱类外，也有 8 大类；莆田和泉州市均只有 5 大类。在内陆地区，龙岩市最多，除围网外，有 8 大类，三明市除拖网和围网外，有 6 大类，南平市最少，只有刺网和笼壶 2 大类。

从各类别渔具数量的分布地域看，刺网类渔具分布最全，6 个沿海市和 3 个内陆市均有分布，笼壶类次之，除泉州市外，其他市均有分布，耙刺类分布最少，只有 3 个市有分布，表 2-3-1 为按种类地区分布。

表 2-3-1　福建省各地市捕捞渔具的数量分布表　(单位:张、个、顶)

作业类别	分布地区									小计
	宁德市	福州市	莆田市	泉州市	厦门市	漳州市	三明市	南平市	龙岩市	
刺网类	190568	119495	898208	122616	41529	504748	16930	17921	5439	1917454
围网类	218	492	—	31	11	34	—	—	—	786
拖网类	365	3099	45	11242	20	19450	—	—	20	34241
张网类	38529	23811	8520	—	90	1680	150	—	50	72830
钓具类	199	4676	—	6951	2175	3200	34764	—	5450	57415
笼壶类	45139	226238	316760	—	21990	188000	22781	9886	7030	837824
陷阱类	3679	4194	—	2030	—	—	255	—	293	10451
耙刺类	4	—	—	—	—	208	—	—	50	262
杂渔具	516	8745	41	1980	—	251	262	—	1923	13718
合 计	279217	390750	1223574	144850	65815	717571	75142	27807	20255	2944981

从各类渔具在地区分布的比例看，刺网类在各地市均有分布，其中，莆田市分布的比例最高，达到 46.84%，漳州市次之，有 26.32%，龙岩市的比例最少，只有 0.28%。围网类在沿海地市除莆田市外，均有分布，其中福州市最多，达到 62.60%，宁德市次之，有 27.74%；3 个内陆地市均没有分布。拖网类在沿海地市均有分布，其中漳州市最多，达到 56.80%，泉州市次之，有 32.83%，3 个内陆地区只有在龙岩市有少量分布，仅有 0.06%。张网类在宁德市分布最多，达 52.90%，福州市次之，有 32.69%，内陆地区有少量分布。钓具类在内陆地区占有优势，三明市最多，有 60.55%，沿海地区相对较少，只有泉州多一点，有 12.11%。笼壶类在莆田市分布最多，达 37.81%，福州市次之，有 27.00%，漳州市也有 22.44%，内陆地区有少量分布。陷阱类集中在沿海地区的福州市和宁德市，分别有 40.13%和 35.20%。耙刺类集中在漳州市，达到 79.39%，龙岩市也有19.08%，宁德市只占 1.53%，其他 6 个地市均没有分布。杂渔具在福州所占比例最多，达 63.75%，泉州市第二，所占比例有 14.43%，内陆的龙岩市也有 14.02%的比例，其他地区分布不多。具体见表 2-3-2。

表 2-3-2 福建省各类渔具在各地市数量分布比例(单位:%)

作业类别	地区分布								
	宁德市	福州市	莆田市	泉州市	厦门市	漳州市	三明市	南平市	龙岩市
刺网类	9.94	6.23	46.84	6.39	2.17	26.32	0.88	0.93	0.28
围网类	27.74	62.60	0	3.94	1.40	4.33	0	0	0
拖网类	1.07	9.05	0.13	32.83	0.06	56.80	0	0	0.06
张网类	52.90	32.69	11.70	0	0.12	2.31	0.21	0	0.07
钓具类	0.35	8.14	0	12.11	3.79	5.57	60.55	0	9.49
笼壶类	5.39	27.00	37.81	0	2.62	22.44	2.72	1.18	0.84
陷阱类	35.20	40.13	0	19.42	0	0	2.44	0	2.80
耙刺类	1.53	0	0	0	0	79.39	0	0	19.08
杂渔具	3.26	63.75	0.30	14.43	0	1.83	1.91	0	14.02
合计	9.48	13.27	41.55	4.92	2.23	24.37	2.55	0.94	0.69

从表 2-3-1 和表 2-3-2 可以看出,福建省 9 大类渔具在 6 个沿海地市和 3 个内陆地市的分布数量及其所占的比例,具体表述如下:

1. 刺网类

刺网类渔具在各类渔具中,居首位,共有 1917454 张;在全省沿海和内陆地区均有分布,但主要集中于莆田市、漳州市和宁德市。莆田市有 898208 张,占刺网类渔具总数量的 46.84%,居首位;漳州市有 504748 张,占 26.32%,位居第二;第三是宁德市,有 190568 张,占 9.94%。

2. 围网类

福建省的围网渔具发展较稳定,虽然渔具数量较少,目前仅有围网 786 盘,但是由于其个体作业规模较大,围网渔船的功率和产量均较多。福建省围网渔具拥有量占东海区比例超过 60%,主要为单船有囊围网和无囊围网。渔具数量主要分布在福州市和宁德市,福州市有 492 盘,占围网类渔具总数量的 62.60%,宁德市有 218 盘,占 27.74%。

3. 拖网类

拖网类渔具是福建省主要捕捞渔具,有 34241 顶,主要分布于漳州市和泉州市,漳州市有 19450 顶,占拖网类渔具总数量的 56.80%,泉州市有 11242 顶,占 32.83%;以单船有翼单囊拖网为主,另有少量的双船有翼单囊拖网及单船桁杆多囊拖网。

4. 张网类

张网也是目前福建省主要的海洋捕捞渔具,除泉州市外,其余 5 个沿海市均有分布,内陆地区也有 2 个市有分布。但主要分布于宁德和福州 2 市,宁德市有张网渔具 38529 张,占全省张网类渔具总数量的 52.90%,福州市有张网渔具 23811 张,占 32.69%。

5. 钓具类

随着高效渔具的发展,钓渔具因其效率不高,已逐渐成为兼作或近岸小型渔业及休闲渔业的渔具。福建省内陆钓渔具的数量比沿海多,三明市就有 34764 盘,占全省钓具类渔具总数量的 60.55%，龙岩市有 5450 盘，占 9.49%；在沿海地区，泉州市有 6951 盘，占 12.11%；福州市有 4676 盘，占 8.14% 。

6. 耙刺类

耙刺类渔具一般均为小型沿岸、滩涂或岛礁渔业，数量较少。福建省只有 262 张，在沿海地区，漳州市有 208 张，占全省耙刺类渔具总数的 79.39%，宁德市只有 4 张；在内陆地区，龙岩市有 50 张，占 19.08%。

7. 陷阱类

福建省的陷阱类渔具数量较少，全省只有 10451 张，内陆较少，沿海较多。内陆地区的龙岩市有 293 张，占全省陷阱类渔具总数量的 2.80%，三明市有 255 张，占 2.44%；沿海地区的宁德市有 3679 张，占 35.20%，福州市有 4194 张，占 40.13%。

8. 笼壶类

福建省笼壶类渔具分布区域较为广泛，沿海和内陆均有分布。在沿海地区，除泉州市外，其他 5 个市均有分布，莆田市居首位，有 316760 个，占全省笼壶类渔具总数量的 37.81%，福州市有 226238 个，占 27.00%，居第二位，漳州市也有 188000 个，占 22.44%；内陆地区的三明市有 22781 个，在内陆市区居首位。

9. 杂渔具类

福建省的杂渔具共有 13718 个，主要分布在福州市、泉州市和龙岩市。沿海地区的福州市有 8745 个，占全省杂渔具总数的 63.75%，泉州市有 1980 个，占 14.43%；内陆地区的龙岩市有 1923 个，占 14.02%。福建省的杂渔具比较复杂，包含了敷网类、抄网类、地拉网类和掩罩类渔具。其中，抄网类渔具 132 顶，分布于宁德市；敷网类渔具 4473 顶，分布于宁德、福州、莆田、泉州和漳州五市，其中泉州所占比重约在 90%，主要为飞鱼帘敷具；其他杂渔具 8958 个，分布于宁德、福州和漳州三市，其中福州市占大部分，拥有渔具数量比重约为 96%。

第三节　作业海域分布

福建省作业海域，通常分为闽东(含闽外渔场)、闽中、闽南、台湾浅滩四个渔场及内陆湖泊水域。

刺网类渔具多分布于闽中、闽南和台浅渔场。漂流刺网主要分布于沿岸水域，近海水域其次，外海水域较少。定置刺网主要作业场所在水深 20～50 m 的暗礁海区。

围网渔具中的单船无囊围网主要作业渔场在闽东渔场、闽外渔场，闽南渔场和台湾浅滩渔场次之，闽中渔场也有些作业；单船有囊围网主要作业渔场在闽中、闽东渔场。

拖网类渔具中，单(双)船有翼单囊拖网主要作业区域在闽南、闽中和台湾浅滩渔场；单船底层桁杆多囊拖网(桁杆拖网)的主要作业渔场为闽东和闽外渔场，龙海、长乐、秀屿等沿岸海域也有些作业。

张网主要在闽东、闽中渔场水深较浅区域作业。规格较大的单、双锚张网渔具的作业渔场较桩张网偏外，且随着渔汛的变化而转移渔场。船张网作业主要在河口或沿岸水域。

钓具类渔具主要在内陆湖泊水域，定置延绳真饵单钩钓具多数在台湾浅滩渔场、闽南海区作业。垂钓拟饵复钩钓具作业主要在闽南渔场。

笼壶类渔具中，定置延绳倒须笼分布于闽东、闽中、闽南沿海渔场，定置折叠倒须笼分布于闽中、闽南渔场。

陷阱类渔具主要分布在三明市和龙岩市湖泊水域。宁德市、福州市等地区沿海潮间带滩涂也有些作业。

耙刺类渔具主要在闽南渔场作业，在龙岩市的湖泊水域也有一些作业。

第三篇

福建省海洋捕捞渔具渔法状况

第一章　刺网类

福建省刺网类渔具历史悠久，分布广泛，网具结构和作业方式种类繁多，是我省海洋、内陆水域主要渔具类型之一。该类作业渔船多数功率较小，但数量众多，这种作业是将数十片，甚至上百片以上的矩形网片连接成长带网列，投放于海洋、江河、湖泊、水库中，呈垣墙状，挡住鱼群通道，使鱼类刺挂于网目或缠挠于网衣而捕获之。20 世纪 80 年代以来，刺网类渔具数量不断发展，截至 2016 年，渔具数量比 80 年代增加了约 2 倍，近年来，渔具数量增长幅度有所减缓，但是，作业敷设长度仍呈增加趋势。值得注意的是，为提高渔具捕捞效率，双重及多重刺网的发展较为迅猛，由于其选择性下降，对资源也产生了不利的影响。

第一节　捕捞原理及作业渔场、渔期

一、捕捞基本原理及其特点

刺网是以网目刺挂或网衣缠络原理作业的网具。它是由若干片长方矩形网衣连接成的长带状的网列，敷设在鱼、虾、蟹洄游通道上，垂直展开呈垣墙状，利用捕捞对象对该渔具不易发现，在洄游或受惊吓逃窜时刺挂在网目或缠绕在网上而被捕获。刺网类渔具结构简单，捕捞操作简便，作业成本低，受渔场环境制约因素少，作业范围广、机动性强，能捕捞各水层比较集中或分散的鱼类、甲壳类和头足类等，渔获物质优价高。刺网类渔具的缺点是处理在网上的渔获物较费工时，渔具损耗率高，渔具在海中的遗弃率较高，会造成海洋环境污染。

二、作业方式、种类

福建省的刺网按结构类型分，可以分为单片（层）刺网、双重刺网、三重刺网、无下纲刺网和框刺网 5 个类型；按作业型式分，可分为定置刺网、漂流刺网、包围刺网和拖曳刺网 4 种形式；按捕捞对象分，有鳓鱼、鲨鱼、马鲛、鲳鱼、青鳞鱼、黄鲫、龙虾、对虾、梭子蟹和方头鱼流刺网等。

在海洋捕捞刺网类渔具中，有单片刺网、双重刺网、三重刺网及其他刺网类 4 种结构型式。在内陆捕捞刺网类渔具中,也同样有单片刺网、双重刺网、三重刺网及其他刺网类4种结构型式。按作业型式分,在海洋和内陆捕捞刺网类渔具中,均有定置刺网、漂流刺网2种作业方式。

三、渔场、渔期和渔获物组成

福建省刺网渔船多为小型机动渔船,作业渔场一般分布在沿岸和近海,尽管刺网全年均可以作业,但主要汛期一般在春、秋汛期。刺网主要作业渔场、渔期,在平潭岛周围区域,可以全年作业,主要捕捞石斑鱼、黑鲷等;在东山岛沿岸渔场,渔期2~4月和8~10月,主捕鲨鱼、龙虾、鲷科鱼类等;在闽中沿岸渔场,渔期4~7月,主捕鳓鱼、白姑鱼;在闽南近海渔场,渔期5~10月及11月至翌年4月,主要捕捞马鲛鱼、鲨鱼、金梭鱼;在厦门闽南近岸,渔期9~12月,主要捕捞真鲷、马鲛、鲨鱼、扁舵鲣;在闽东沿岸渔场,渔期4~12月,主捕鲳鱼、马鲛鱼、鳓鱼等;如表3-1-1所示。

表3-1-1 福建省单片刺网的渔场、渔期及主捕种类

地区	渔场	渔期	主捕种类
诏安县	诏安内湾	全年	内湾小杂鱼
东山县	东山近岸	全年	多鳞鱚
龙海市	闽南近海、闽中近海	3~12月	龙头鱼、黄鲫、马鲛鱼
莆田市	闽东北外海	1~4月	金线鱼
连江县	闽东北外海	3~5月	虾蛄、小杂鱼
霞浦县	闽东近海	4~12月	鲨鱼、马鲛鱼
惠安县	闽中近海	5~12月	龙头鱼、黄鲫
石狮市	闽中近海	3~9月	青蟹、石斑鱼

第二节 历史沿革及渔业地位

一、历史沿革

福建省单片流刺网历史最悠久,是一种数量最多,分布最广的作业形式,占全省流刺网渔船总数的65%以上,有在近岸作业的小型流刺网,也有在近海和外海作业的大型流刺网,捕捞对象较多。20世纪60年代就有流刺网作业,如1965年,鳓鱼流刺网产量达6870 t,占海洋捕捞总产量的2.62%,是鳓鱼流刺网发展最好的年份,然而,70年代中期,由于拖网和围网渔业兴起,鳓鱼流刺网作业几乎全部停止,1979年全省鳓鱼产量仅为1000 t,占全省海洋捕捞总产量的0.2%;80年代以来,中小型流刺网作业又有开始恢复和发展,1982年全省鳓鱼产量为2098t,占全省海洋捕捞总产量的0.57%;梭子蟹流刺网历史悠久,广泛分布于我省沿海各地,1958~1960年全省年产7~8.5千t,1972年减少到2.3千t,1982年又发展

到 10.765 千 t，占当年海洋捕捞总产量的 2.91％；鲨鱼流刺网在全省沿海均有分布，晋江、莆田、惠安等县市最多；马鲛流刺网在全省沿海各地均有分布，莆田最多；鲳鱼刺网是霞浦县三沙镇的传统作业，福鼎、霞浦、连江、长乐、平潭、莆田最多；青鳞鱼流刺网在全省沿海均有分布；黄鲫流刺网在我省沿海均有分布，晋江、东山、泉州等地最多；对虾流刺网是 20 世纪 70 年代初发展的捕虾专业渔具，它虽然发展历史短，但捕捞大型虾类效果好，目前以成为我省捕捞大型虾类的主要渔具，在我省沿海均有分布，闽南沿海较多。

双重(层)流刺网广泛分布于全省沿海，历史悠久，如惠安县的双重(层)流刺网早在 400 多年前就有相关记载，20 世纪 50 年代后期～60 年代初期，渔船数量发展到占全县的 17％，年产量占全县海洋捕捞产量的 10％。

三重流刺网是于 1997 年，在霞浦县三澳村率先发展起来的。我省闽东传统的捕捞方式以机围、底拖生产为主，然而渔业资源的过度利用和近海渔场环境的不断变化，海洋捕捞业的发展陷入了困境，传统的渔具渔法与变化的渔场之间矛盾日益凸显，在这种情形下，霞浦三澳村于 1997 年打破传统的格局，开始试用底层三重流刺网作业，取得良好的经济效果，便很快普及推广。至 2005 年，霞浦全县已有 213 艘三重流刺网渔船，该作业的成功开展，为提高渔业经济效益做出了积极的贡献，有效减轻了近海捕捞压力；对优化海洋捕捞起了积极的影响。但是，三重刺网将刺挂捕鱼变为刺挂加上缠绕捕鱼，选择性捕捞变为广泛性捕捞，对渔业资源有损害。

二、作业现状

根据 2009 年调查统计结果，全省刺网类渔具共有 1917454 片。其中海洋捕捞刺网类渔具有 1877164 片，占总刺网类渔具的 97.9％；内陆捕捞刺网类渔具有 40290 片，仅占总刺网类渔具的 2.1％。其中：漂流三重刺网最多，有 639142 片，占渔具总数量的 33.33％；漂流单片刺网次之，有 496430 片，占 25.89％；定置三重刺网和定置单片刺网随后，分别占 14.08％和 13.69％，漂流双重刺网、定置双重刺网及其他刺网类渔具数量很少(图 3-1-1)。

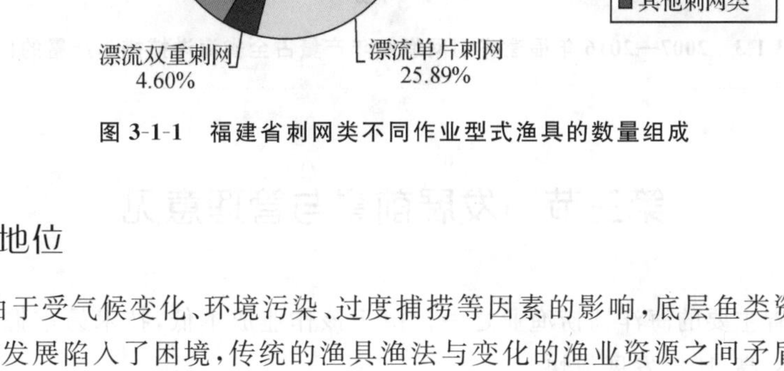

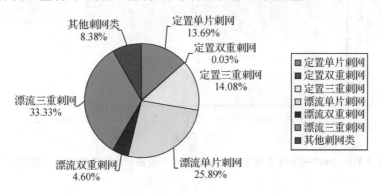

图 3-1-1　福建省刺网类不同作业型式渔具的数量组成

三、渔业地位

近年来，由于受气候变化、环境污染、过度捕捞等因素的影响，底层鱼类资源严重衰退，海洋捕捞业的发展陷入了困境，传统的渔具渔法与变化的渔业资源之间矛盾日益凸显，因此，利用对海洋生态和渔业资源损害较小的渔具，开发利用一些传统上较少利用的渔业资源，如小杂鱼和甲壳类资源，就成了海洋捕捞业生存的新的希望。在这种情形下，刺网，作为开发利用小杂鱼和甲壳类资源的渔具，就趁机快速发展起来，在海洋捕捞业中所居地位明显提高。2007—2016 年，刺网渔船数量占全省海洋捕捞渔船数量的比例从 33.05% 提高到 41.52%，渔船功率从 18.85% 提高到 20.34%，渔船吨位从 17.17% 下降到 16.84%（图 3-1-2），年产量从 10.23% 提高到 13.87%（图 3-1-3）。

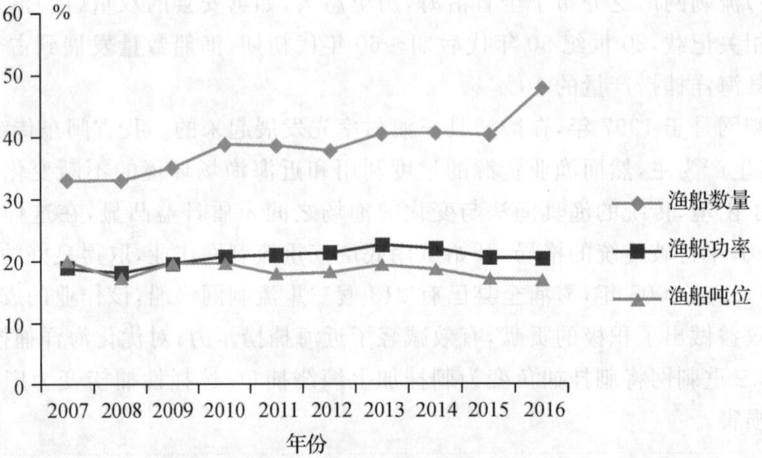

图 3-1-2　2007—2016 年福建省刺网渔船数量、功率、吨位占全省海洋捕捞的比例

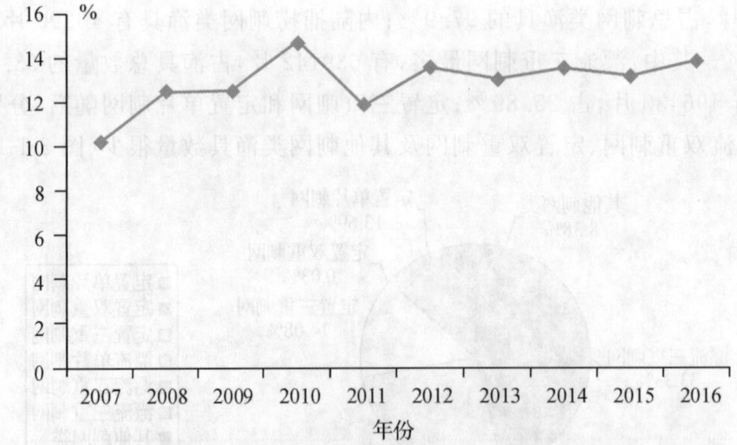

图 3-1-3　2007—2016 年福建省刺网渔船年产量占全省海洋捕捞年产量的比例

第三节　发展前景与管理意见

刺网是我省主要的海洋捕捞渔业之一。由于该作业成本低，技术易掌握，人员少，所捕捞的优质鱼价格高，所以发展较快。

一、刺网渔船变化

2007—2016 年，渔船数量从 11795 艘发展到 13953 艘，年增长率为 2.03%（图 3-1-4）；渔船功率从 33.46 万 kW 增加到 45.26 万 kW，年增长率为 3.92%（图 3-1-5），渔船吨位从 12.07 万 t，增长到 17.06 万 t，年增长率为 4.58%（图 3-1-6）；显然，10 年来，我省刺网渔船不管从渔船数量还是从渔船功率、吨位来看，均有了较大增长。

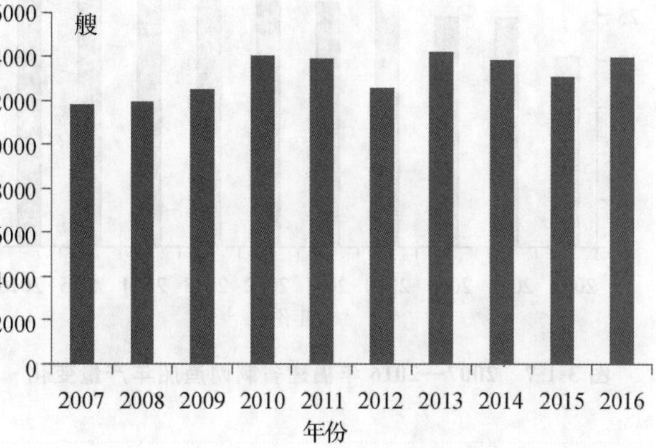

图 3-1-4 2007—2016 年福建省刺网渔船数量变化

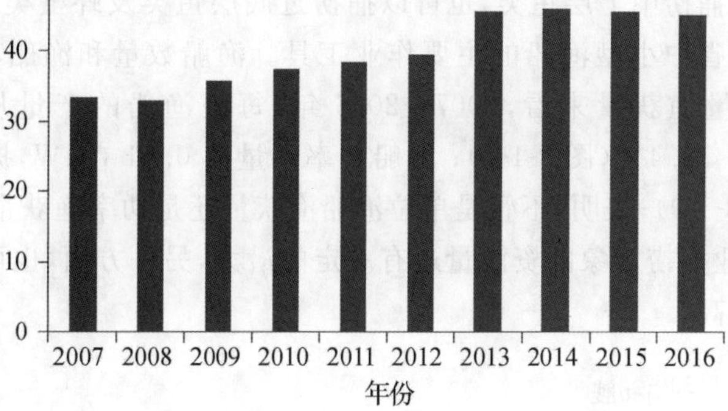

图 3-1-5 2007—2016 年福建省刺网渔船功率变化

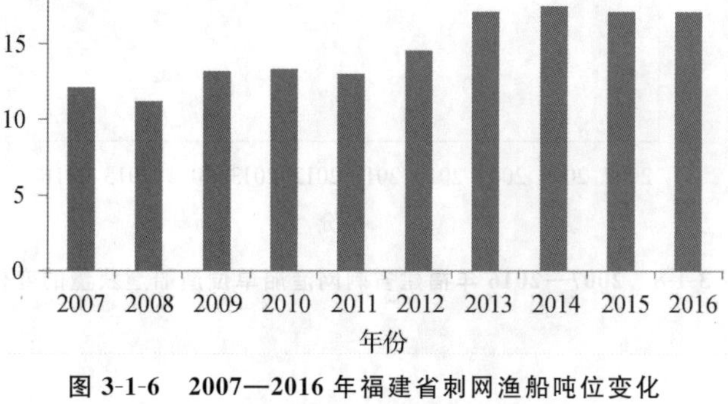

图 3-1-6 2007—2016 年福建省刺网渔船吨位变化

二、刺网产量变化

福建省刺网作业的年产量从 2007 年的 20.53 万 t 增长到 2016 年的 32.34 万 t，年增长率为 6.38%(图 3-1-7)，这与投入生产的渔船增加是分不开的。

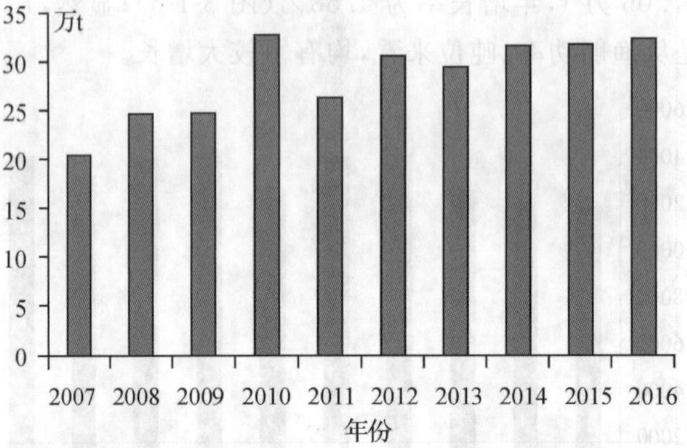

图 3-1-7 2007—2016 年福建省刺网渔船年产量变化

三、发展前景

刺网类渔具结构简单，操作技术简易，而且可以根据渔船、劳力、渔场条件增减放网数量。刺网不但可以捕捞中上层鱼类，也可以捕捞近底层鱼类及虾蟹类。渔获的选择性比较强，质量较好，是我省中小型渔船的主要作业工具。渔船数量和渔船功率表征了捕捞努力量，从单位捕捞力量渔获量来看，2007—2016 年，每艘渔船的产量从 17.41 t/艘提高到 26.71 t/艘，提高了 53.4%(图 3-1-8)；渔船功率产量从 0.61 t/kW，提高到 0.71 t/kW，提高了 16.39%(图 3-1-9)；表明，不管是单位渔船渔获量还是功率渔获量，10 年来均有较大的提高，说明刺网作业捕捞对象的资源量还有一定的潜力，另一方面，也可以看出，刺网的捕捞技术有了较大的提高。

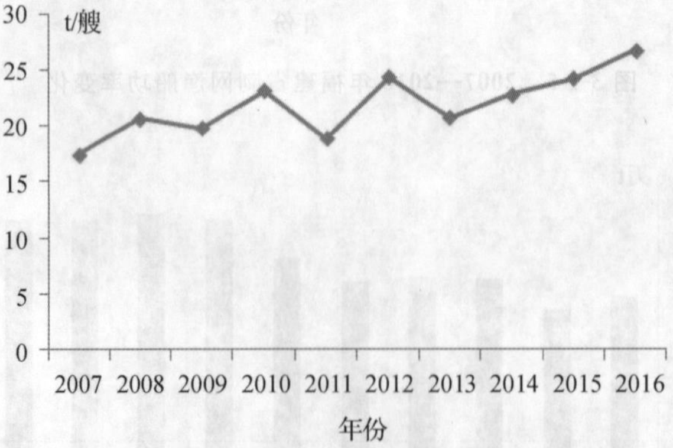

图 3-1-8 2007—2016 年福建省刺网渔船单位渔船渔获量的变化

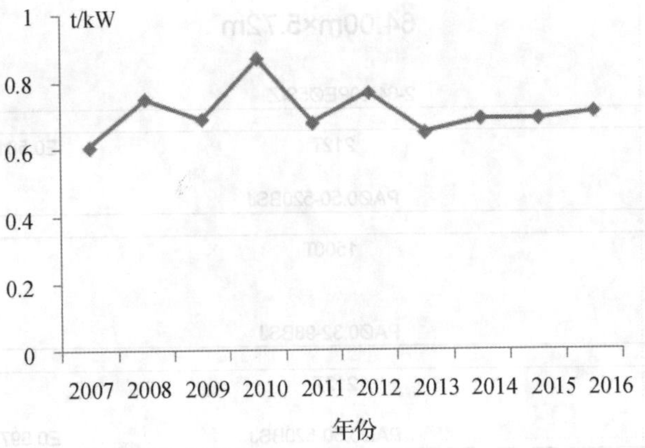

图 3-1-9　2007—2016 年福建省刺网渔船功率渔船渔获量的变化

四、管理意见

目前这种渔具多数在近海生产，由于渔业资源的变动，其网目尺寸有逐渐减小的趋势，并形成了一些多获性通用型的流刺网。另外，在近岸浅水区的小型流刺网作业中，最小网目尺寸在 30 mm 以下的小网目刺网，数量相当多，致使这种原来对鱼类资源破坏程度较小的网具也捕捞了数量不少的经济鱼类幼鱼，必须要引起重视。因此，建议应适当推广大网目尺寸的刺网，限制最小网目尺寸在 30 mm 左右、特别是 30 mm 以下的刺网的生产和发展，甚至可把最小网目尺寸在 30 mm 及以下的刺网列入禁用渔具。今后还应重视合理安排近内海的刺网生产，并发展一批设备较好、船型较大的作业单位到较外水域生产。

第四节　漂流三重刺网

漂流三重刺网是一种以缠绕为主的流刺网，是我省 20 世纪 70 年代新兴的一种海洋渔具。其网衣由一片小网目内网和两片大网目外网构成。漂流三重刺网俗称三重濂、三重绫、浮绫、流绫、深水濂、蟹绫、虾绫、鲳鱼濂、马鲛绫、绫仔、丝网、洲濂、墰濂及三层刺网等。

一、渔具作业与结构特点

海洋的漂流三重刺网在我省沿海均可作业，作业不受潮汐限制，日夜均可作业。主尺度为 10 m×1 m 至 100 m×1 m，主要集中在 30 m×1.8 m 至 80 m×1.5 m 之间；内陆的漂流三重刺网为 50 m×1.2 m 至 100 m×1.4 m，主要集中在 100 m×1.2 m 至 100 m×6 m 之间。海洋渔具最小网目尺寸为 30～112 mm，主要集中在 80～100 mm；内陆渔具最小网目尺寸为 20～140 mm，主要集中在 80 mm 左右；海洋三重刺网单船渔具携带数量 2～450 片，一般携带 10～30 片；内陆三重刺网单船渔具携带数量 1～20 片，一般携带 10～20 片。福建省漳浦县漂流三重流刺网结构如图 3-1-10 所示。

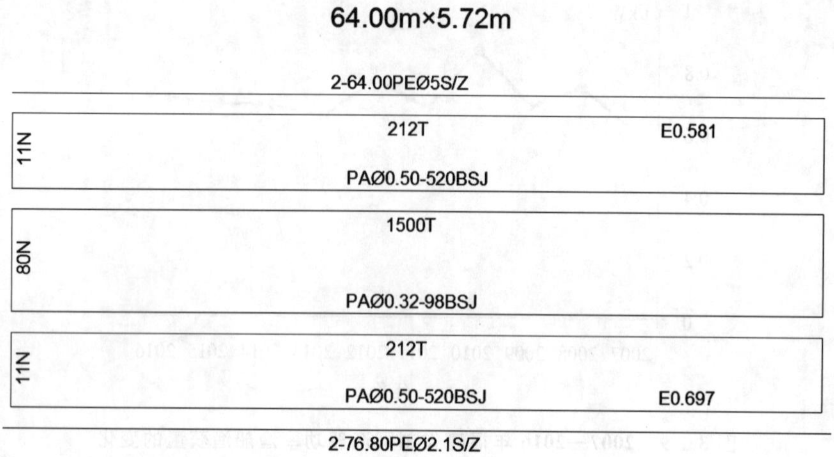

图 3-1-10 福建省漳浦县漂流三重流刺网渔具结构图

二、主要捕捞对象

海洋刺网主要捕捞梭子蟹、鲳鱼、马鲛鱼、叫姑鱼、白姑鱼、鲷鱼、虾、鲻鱼、鳓鱼、虾姑、鱿鱼、黄姑鱼、鲶鱼等，最小网目尺寸在 50～100 mm 的流刺网捕获的幼鱼约占 5%，而最小网目尺寸在 30 mm 左右的流刺网捕获的幼鱼却占到 15%～20%。内陆刺网主要捕捞鲢鱼、草鱼、鳙鱼、鲤鱼、翘嘴红鲌、鲴鱼、鳜鱼、鲫鱼、翘嘴白刀、沙鳅等，最小网目尺寸在 50～120 mm 的流刺网捕获的幼鱼约占 5%。

三、渔法特点

渔船到达渔场后，缓速前进，根据风、流情况决定投网方向，风大时，取顺风航向，在上风舷放网；流大时，取横流航向，在下流舷放网。先将网列首端的第一支浮标及浮标绳投入海中，然后投放网衣及浮、沉子，浮、沉子应分开投放。投完后，把带网纲系在船上，网具和渔船一道漂流。如果是放夜网，次日凌晨起网；如果放日网，一般 6～8 小时后起网。

起网时，一般是顺风顺流起网，如果流缓，则依网列原来的方向起网，先拉起带网纲，然后收拉上、下纲和网衣，边起网、边摘鱼，并同时整理好网衣和纲索，以便下一次放网。图 3-1-11 为漂流三重刺网结构及作业示意图。

全省沿海渔场均可生产，且作业不受潮水限制，日夜均可作业；渔期为全年均可生产。漂流三重刺网是一种适应性较广的渔具，而且作业渔场广阔，捕捞品种多，并可以兼轮作多种作业。

四、地区分布

据 2009 年调查，我省沿海和内陆的漂流三重刺网总数有 639142 片，占全省刺网总数的 33.33%，其中沿海有 639118 片，占全省刺网总数的 33.33%，内陆很少，只有龙岩 24 片。从地市分布看，莆田市最多，有 570400 片，占全省总数的 29.72%，龙岩市最少，有 24 片，仅占 0.001%；从县区分布看，莆田的秀屿区最多，有 458200 片，占全省拥有量的 23.90%。武

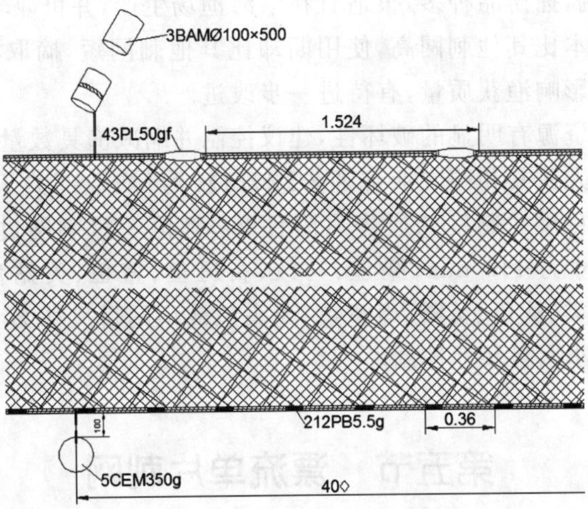

图 3-1-11　漂流三重刺网结构及作业示意图

平县最少，仅有 24 片，占全省的 0.001%，具体见表 3-1-2。

表 3-1-2　福建省漂流三重刺网渔具地区分布表(单位:片)

地市	渔具总数	县区	渔具数量
宁德市	37	福安	37
莆田市	570400	北岸经济开发	51000
		城厢	4300
		涵江	3600
		荔城	18800
		湄洲岛管委会	34500
		秀屿	458200
泉州市	28386	惠安	28220
		鲤城	166
厦门市	35495	海沧	2100
		集美	7760
		思明	4440
		翔安	21195
漳州市	4800	东山	4800
龙岩	24	武平	24

五、管理意见

1. 漂流三重刺网作业不受潮水限制，日夜可生产，常年可作业，是一种适应性较广的渔具，而且作业渔场广阔，捕捞品种多，很适宜在沿海渔场生产，并可兼轮作多种作业。

2.该作业网具成本比其他刺网高，使用期却比其他刺网短，摘取渔获物麻烦，劳动强度较大，鱼体容易损伤，影响渔获质量，有待进一步改进。

3.该作业对幼鱼资源有明显的破坏性，建议控制并缩减渔具数量，逐步禁止漂流三重刺网的作业。根据中华人民共和国农业部通告【2013】1号《农业部关于实施海洋捕捞准用渔具和过渡渔具最小网目尺寸制度的通告》(附件2)，漂流三重刺网过渡期准用，梭子蟹、银鲳、海蜇最小网目尺寸为110 mm；鳓鱼、马鲛、石斑鱼、鲨鱼、黄姑鱼最小网目尺寸为90 mm；小黄鱼、鲻鱼、鳎类、鱿鱼、黄鲫、梅童鱼、龙头鱼最小网目尺寸为50 mm。在过渡期内，应严格执行内网的最小网目尺寸控制。

第五节　漂流单片刺网

漂流单片刺网是由单片网衣和浮、沉纲构成，以漂流方式作业的一种刺网，俗称蟹绫、鲳鱼濂、马鲛濂、鲨鱼濂、大目绫、鳓鱼濂、濂仔、白姑濂、八指濂、鳎西濂、青鳞绫、黄鱼绫、薄鲫濂、红虾绫、鲚鱼濂等，是我省20世纪70年代新兴的渔具。

一、渔具结构特点

漂流单片刺网分布较广，网具数量较多，我省的漂流单片刺网主要分布在莆田、漳州、宁德沿海，主要作业渔场为闽东、闽中和台湾浅滩渔场。海洋渔具主尺度为25 m×6 m至150 m×1.2 m，主要集中在30 m×1.5 m至53 m×10 m之间；最小网目尺寸35～170 mm，主要集中在60～80 mm之间；单船渔具携带数量15～300片，一般携带120～200片。马鲛鱼流刺网属漂流单片流刺网，是福建沿海渔民捕捞马鲛鱼的传统作业渔具之一，分布范围较广，其中以莆田最为发达。该作业有母子船和单船两种，年作业天数约130天，以捕捞蓝点马鲛和朝鲜马鲛为主，主要作业渔场为闽南渔场、闽中渔场和闽东渔场，渔汛期为每年3～6月及11月～翌年1月，其余时间兼作其他流刺网或钓业，以维持其常年生产。马鲛鱼流刺网渔具主尺度为40 m×3.94 m，网目尺寸为95 mm，网线材料为Φ0.35 mm的锦纶单丝。渔船主机功率44～59 kW。图3-1-12为福建省莆田市马鲛鱼流刺网渔具结构图。

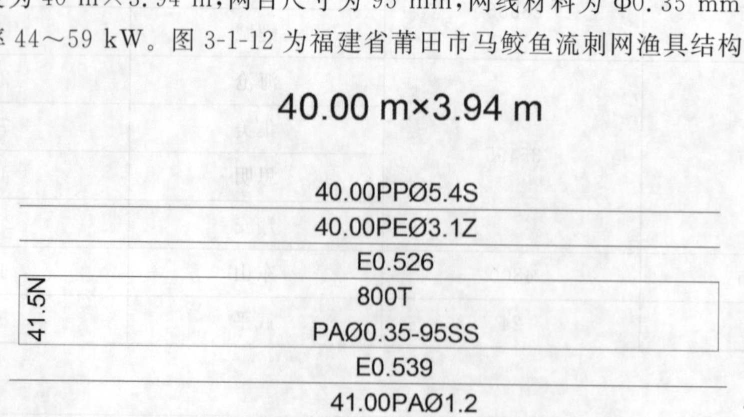

图3-1-12　福建省莆田市马鲛鱼流刺网渔具结构图

二、主要捕捞对象

海洋单片刺网主要捕捞梭子蟹、鲳鱼、马鲛鱼、金枪鱼、鲨鱼、带鱼、叫姑鱼、二长棘鲷、梅童鱼、鳓鱼、鲷鱼、白姑鱼及虾等。最小网目尺寸在 49～60 mm 的，其捕获的幼鱼约占 5%，而最小网目尺寸在 75～134 mm 的，其捕获的幼鱼仅约占 2%。

三、渔法特点

漂流单片刺网的渔法与漂流三重刺网的渔法大同小异，主要的不同点是依据捕捞对象的不同，其作业时间、漂流时间及渔场渔期而有所不同。放网时通常为左舷作业，以横流偏顺风为好，将网依次放入海中，完毕后将带网纲系结于船首缆桩，船、网随流漂移。起网时一般在受风舷进行，依次将网收取并摘取渔获物。其作业方法如图 3-1-13 所示。

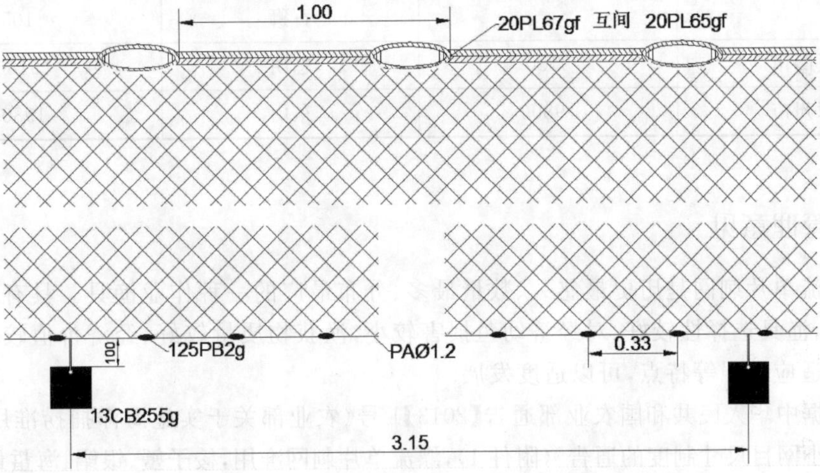

图 3-1-13　漂流单片刺网作业示意图

四、地区分布

我省的漂流单片刺网只在沿海有分布，总数有 496430 片，占全省刺网总数的 25.89%。从地市分布看，莆田市最多，有 294220 片，占全省总数的 15.34%，厦门市最少，有 5180 片，仅占 1.04%；从县区分布看，莆田的秀屿区最多，有 274920 片，占全省拥有量的 14.34%。南安市最少，仅有 15 片，具体见表 3-1-3。

表 3-1-3 福建省漂流单片刺网渔具地区分布(单位:片)

地市	渔具总数	县区	渔具数量
宁德市	90000	霞浦	90000
莆田市	294220	北岸经济开发	1000
		城厢	4300
		涵江	4000
		湄洲岛管委会	10000
		秀屿	274920
泉州市	87230	惠安	87110
		南安	15
		石狮	105
厦门市	5180	思明	5180
漳州市	19800	东山	19800

五、管理意见

1. 漂流单片刺网是历史最悠久、数量最多、分布最广的一种作业渔具。具有结构简单、操作简便,渔具选择性较好、对经济幼鱼损害较小,渔获物质量较好、经济价值较高,且该作业对渔场适应性强等特点,可以适度发展。

2. 根据中华人民共和国农业部通告【2013】1 号《农业部关于实施海洋捕捞准用渔具和过渡渔具最小网目尺寸制度的通告》(附件 1),漂流单片刺网准用,梭子蟹、银鲳、海蜇最小网目尺寸为 110 mm;鳓鱼、马鲛、石斑鱼、鲨鱼、黄姑鱼最小网目尺寸为 90 mm;小黄鱼、鲻鱼、鳎类、鱿鱼、黄鲫、梅童鱼、龙头鱼最小网目尺寸为 50 mm。应严格执行最小网目尺寸控制。

第六节　定置三重刺网

定置三重刺网是一种以缠绕为主的流刺网。其网衣由 1 片小网目内网和 2 片大网目外网构成,俗称三层绫、鲨鱼绫、三重角仔绫、蟹濂、跳网、三层刺网、三层网等。

一、网具结构特点

定置三重刺网的作业特点是把水平方向很长而垂直高度较短的长方形网衣横截于鱼类的通道上,使鱼类自动或被迫地从头部刺入网目之中或触及松弛而柔软的网衣之上,而被网目紧紧套住鱼体的鳃盖后缘进退不得或被松弛网衣缠络而达到捕捞的目的。海洋渔具主尺度在 25 m×2 m 至 48 m×1.2 m 之间;内陆渔具主尺度在 30 m×3 m 至 180 m×15 m 之间,多数是 50 m×15 m 和 100 m×15 m;海洋渔具最小网目尺寸为 15～130 mm;单船渔具携带数量 15～800 片;内陆渔具最小网目尺寸为 10～150 mm,主要集中在 40～80 mm 之间；单船渔具携带数量 1～30 片，一般携带 2～6 片。石斑鱼定置三重刺网是福建省的典型三重刺网，图 3-1-14 为福建省漳州市石斑鱼定置三重刺网渔具结构图。

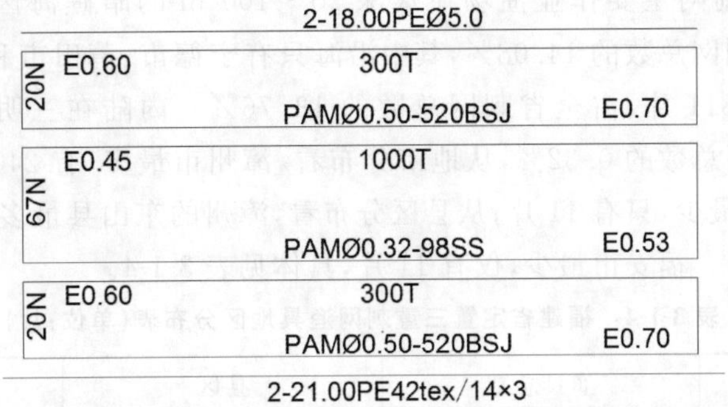

图 3-1-14 福建省漳州市石斑鱼定置三重刺网渔具结构图

二、主要捕捞对象

海洋主要捕捞对象为石斑鱼、虎鱼、鲨鱼、鮸鱼、大黄鱼、鲷鱼、梭子蟹、龙头鱼、龙虾、鳎类、鲽类及杂鱼等。最小网目尺寸为 60 mm 的刺网捕获的幼鱼约占 5%。内陆主要捕捞对象为鲤鱼、鲢鱼、草鱼、鲫鱼、罗非鱼、鳜鱼、鳙鱼、黄颡鱼及光鱼等。最小网目尺寸在 10～20 mm 的刺网捕获的幼鱼约占 5%，而最小网目尺寸为 45 mm 的刺网捕获的幼鱼仅约占 1%。

三、渔法特点

渔船抵达作业渔场后，判断好暗礁位置及范围后，选择缓流时放网，一般以退半潮、涨二分潮或平潮时放网为好。放网时，根据礁形布设网列，并用锚将网列固定，放完网后，渔船即在网列周围来回巡视；起网时，渔船沿着放网方向慢速前进，边拉起网衣边摘取渔获物后即又把网投入海中，如此循环每天起、放网 2～3 次，当转移渔场或返港时，才把网具全部收起。全省沿海渔场均可生产，其主要作业场所在水深 20～100 m 的暗礁海区，渔期为全年均可作业。图 3-1-15 为定置三重刺网结构及作业示意图。

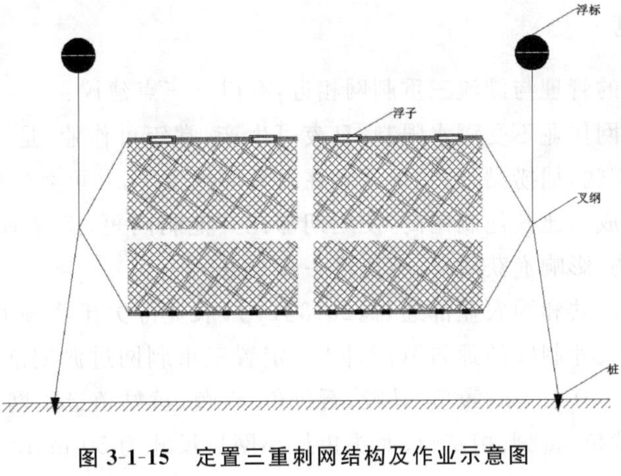

图 3-1-15 定置三重刺网结构及作业示意图

四、地区分布

我省定置三重刺网主要作业渔场在水深 20～100 m 的暗礁海区。沿海和内陆共有 269915 片，占全省刺网总数的 14.08%，其中沿海只有宁德市、莆田市和漳州市 3 个地级市有分布，总数有 263811 片，占全省刺网总数的 13.76%。内陆在三明、龙岩有分布，总数 6104 片，占全省刺网总数的 0.32%，从地市分布看，漳州市最多，有 240000 片，占全省总数的 12.52%，宁德市最少，只有 11 片；从县区分布看，漳州的东山县最多，有 240000 片，占全省拥有量的 12.52%。福安市最少，仅有 11 片，具体见表 3-1-4。

表 3-1-4　福建省定置三重刺网渔具地区分布表(单位:片)

地市	渔具总数	县区	渔具数量
宁德市	11	福安	11
莆田市	23800	北岸经济开发	9800
		湄洲岛管委会	14000
漳州市	240000	东山	240000
三明	3029	清流	2150
		将乐	879
龙岩	3075	上杭	600
		长汀	520
		武平	500
		漳平	450
		连城	300
		新罗	30
		上杭	600

五、管理意见

定置三重刺网的管理与漂流三重刺网相近，有以下三点建议：

1. 定置三重刺网作业不受潮水限制，日夜可生产，常年可作业，是一种适应性较广的渔具，而且作业渔场广阔，捕捞品种多，很适宜在沿海渔场生产，并可兼轮作多种作业。

2. 该作业网具成本比其他刺网高，使用期却比其他刺网短，摘取渔获物麻烦，劳动强度较大，鱼体容易损伤，影响渔获质量，有待进一步改进。

3. 根据中华人民共和国农业部通告【2013】1 号《农业部关于实施海洋捕捞准用渔具和过渡渔具最小网目尺寸制度的通告》(附件 2)，定置三重刺网过渡期准用，梭子蟹、银鲳、海蜇最小网目尺寸为 110 mmm；鳓鱼、马鲛、石斑鱼、鲨鱼、黄姑鱼最小网目尺寸为 90 mm；小黄鱼、鲻鱼、鳎类、鱿鱼、黄鲫、梅童鱼、龙头鱼最小网目尺寸为 50 mm。在过渡期内，应严格执行内网的最小网目尺寸控制。

第七节　定置单片刺网

定置单片刺网是由单片网衣和浮沉纲构成，并以定置方式作业的一种刺网，俗称铅仔绫、礁边刺网、龙虾濂、鲨濂、鲟仔濂、一层绫、龙头鱼濂、鮸鱼濂、单层濂、单层刺网等。

一、渔具作业与结构特点

定置单片刺网渔场多数在沿岸或近海礁边，水深 20 m 左右狭窄水域；抛锚定置刺网渔场则相应偏外，在近海及外侧岛屿周围，水深 10～100 m 海域。海洋渔具主尺度在 17.85 m×6.8 m 至 60 m×3 m 之间，渔具最小网目尺寸为 16～180 mm；单船渔具携带数量 15～800 片；内陆渔具主尺度在 30 m×1 m 至 100 m×2 m 之间，多数是 100 m×2 m，最小网目尺寸为 10～140 mm；单船渔具携带数量 2～30 片，一般携带 3～5 片。图 3-1-16 为定置单片刺网渔具结构图。

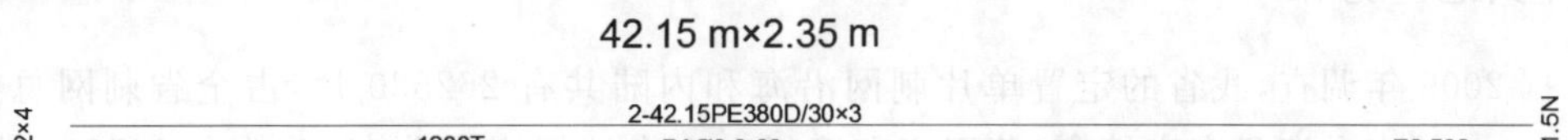

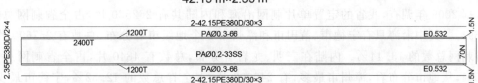

图 3-1-16　定置单片刺网渔具结构图

二、主要捕捞对象

海洋主要捕捞对象为石斑鱼、虎鱼、鲨鱼、鮸鱼、大黄鱼、鲷鱼、梭子蟹、龙头鱼、龙虾、鳎类、鲽类及杂鱼等。最小网目尺寸 16 mm 的刺网捕获的幼鱼约占 10%，而最小网目尺寸 40 mm 的刺网捕获的幼鱼约占 5%。内陆渔具捕捞对象为鲤鱼、鲢鱼、草鱼、鲫鱼、罗非鱼、鳜鱼、鳙鱼、黄颡鱼及光鱼等。最小网目尺寸 10 mm 的刺网捕获的幼鱼约占 5%。

三、渔法特点

渔船抵达作业渔场后，判断好暗礁位置及范围后，选择缓流时放网，一般以退半潮、涨二分潮或平潮时放网为好。放网时，根据礁形布设网列，并用锚将网列固定，放完网后，渔船即在网列周围来回巡视；起网时，渔船沿着放网方向慢速前进，边拉起网衣边摘取渔获物后即又把网投入海中，如此循环，每天起、放网 2～3 次，当转移渔场或返港时，才把网具全部收起。全省沿海渔场均可生产，其主要作业场所在水深 20～100 m 的暗礁海区；渔期为全年均可作业。其作业方法如图 3-1-17 所示。

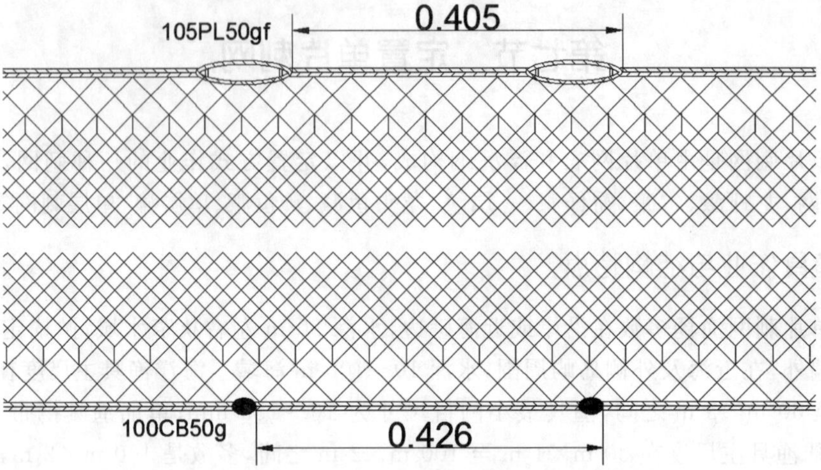

图 3-1-17 定置单片刺网结构及作业示意图

四、地区分布

据 2009 年调查，我省的定置单片刺网沿海和内陆共有 262530 片，占全省刺网总数的 13.69％。其中沿海只有宁德市、莆田市和漳州市 3 个地级市有分布，总数有 257690 片，占全省刺网总数的 13.44％。内陆在三明、龙岩有分布，总数有 4840 片，占全省刺网总数的 0.25％，从地市分布看，漳州市最多，有 240000 片，占全省总数的 12.52％，宁德市最少，有 110 片；从县区分布看，漳州的东山县最多，有 240000 片，占全省拥有量的 12.52％。福安市最少，仅有 110 片，占全省刺网总数的 0.006％，具体见表 3-1-5。

表 3-1-5 福建省定置单片刺网渔具地区分布表（单位：片）

地市	渔具总数	县区	渔具数量
宁德	10010	福安	110
		霞浦	9900
莆田	7680	北岸经济开发	1680
		湄洲岛管委会	6000
漳州	240000	东山	240000
三明	3000	尤溪	1750
		大田	1250
龙岩	1840	长汀	660
		上杭	500
		武平	380
		连城	300

五、管理建议

1. 定置单片刺网是历史最悠久、数量最多、分布最广的一种作业渔具。具有结构简单、操作简便，渔具选择性较好、对经济幼鱼损害较小，渔获物质量较好、经济价值较高，且该作业对渔场适应性强等特点，可以适度发展。

2. 根据中华人民共和国农业部通告【2013】1 号《农业部关于实施海洋捕捞准用渔具和过渡渔具最小网目尺寸制度的通告》(附件 1)，定置单片刺网准用，梭子蟹、银鲳、海蜇最小网目尺寸为 110 mm；鳓鱼、马鲛、石斑鱼、鲨鱼、黄姑鱼最小网目尺寸为 90 mm；小黄鱼、鲻鱼、鳎类、鱿鱼、黄鲫、梅童鱼、龙头鱼最小网目尺寸为 50 mm。应严格执行最小网目尺寸控制。

第八节　漂流双重刺网

漂流双重刺网由一片小网目内网和一片大网目外网构成，将一定数量的网片连接成长带网列，横流投放于海中，形成墙状挡住鱼群通道，使鱼类刺挂或缠绕网上而捕获，俗名为深水濂。

一、渔具作业与结构特点

我省漂流双重刺网早在 400 多年前就有类似本渔具的春夏濂的记载，多数是带鱼延绳钓作业淡汛期的轮作渔具。渔具主尺度为(50～80) m×(6～10) m，单船携带渔具数量 50～300 片，内网网目尺寸为 30～120 mm。渔具结构图见图 3-1-18。

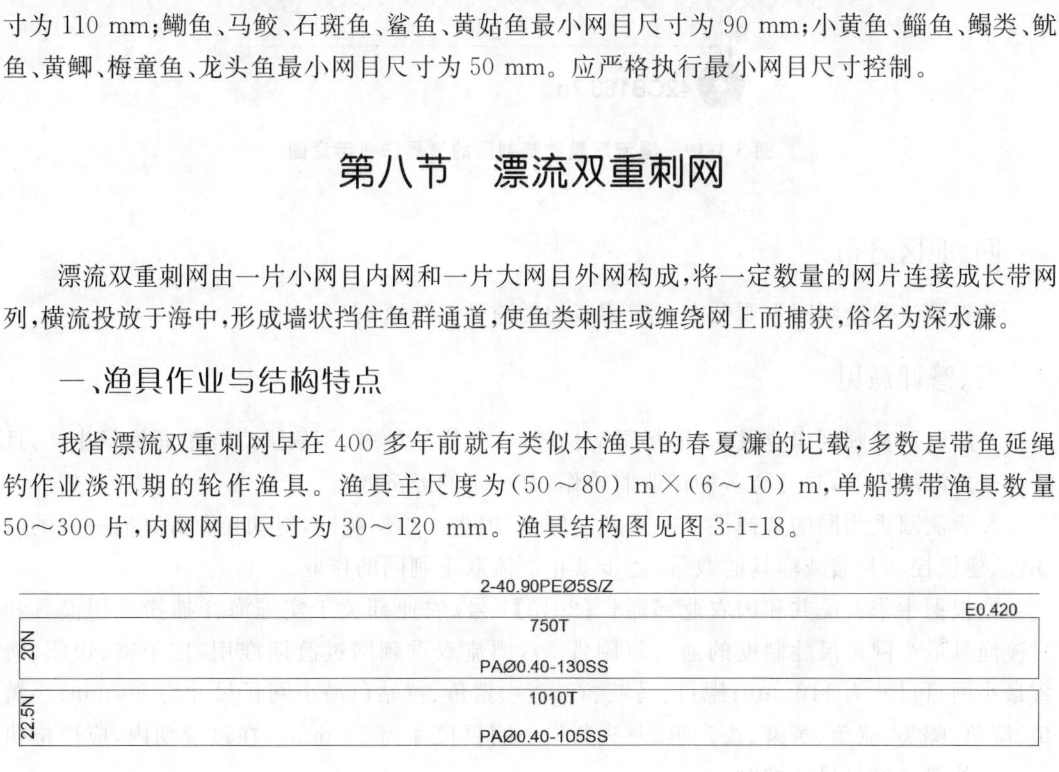

图 3-1-18　漂流双重刺网的渔具结构图

二、主要捕捞对象

主要捕捞对象有鲳鱼、蟹鱼等。全年生产，作业渔场主要在闽东渔场的 236、237、246、247 渔区 ，水深 30～70 m 海域。

三、渔法特点

漂流双重流刺网在放网前，按顺序连接好网片和浮标，把沉子放置于母船左舷前方，浮子纲则叠在左舷后方，作业时以横流偏顺风为好，将网依次放入海中，完毕后将带网纲系结于船首缆桩，船、网随流漂移。起网时一般在受风舷进行，依次将网收取并摘取渔获物。图 3-1-19 为漂流双重散腿刺网的渔具作业示意图。

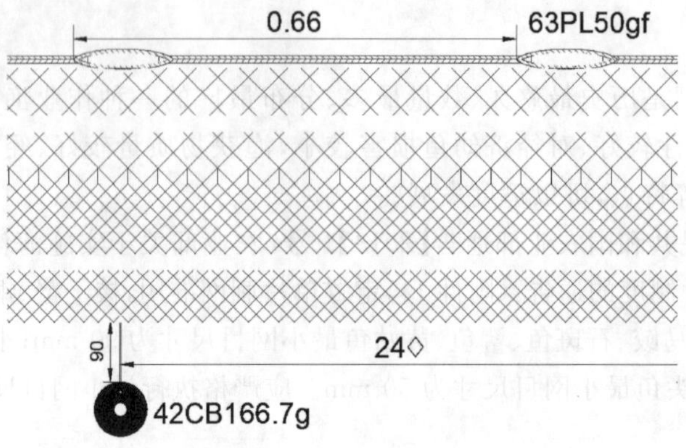

图 3-1-19　漂流双重散腿刺网的渔具作业示意图

四、地区分布

我省漂流双重刺网主要分布在宁德市的霞浦县三沙镇，有 88200 片。

五、管理意见

1. 漂流双重刺网作业灵活，渔场适应性较广，捕捞品种多，不仅适宜在沿海渔场生产，且能在较外海域作业，并可与多种作业兼轮作，有一定的经济效益。

2. 漂流双重刺网的选择性比三重刺网好些，但劣于单层刺网，对幼鱼资源具有一定的破坏性，建议控制并缩减渔具的数量，逐步禁止漂流双重刺网的作业。

3. 根据中华人民共和国农业部通告【2013】1 号《农业部关于实施海洋捕捞准用渔具和过渡渔具最小网目尺寸制度的通告》(附件 2)，漂流双重刺网过渡期准用，梭子蟹、银鲳、海蜇最小网目尺寸为 110 mm；鳓鱼、马鲛、石斑鱼、鲨鱼、黄姑鱼最小网目尺寸为 90 mm；小黄鱼、鲻鱼、鳎类、鱿鱼、黄鲫、梅童鱼、龙头鱼最小网目尺寸为 50 mm。在过渡期内，应严格执行内网的最小网目尺寸控制。

第九节　其他流刺网

福建省的刺网渔具除了漂流三重流刺网、漂流单片流刺网、漂流双重流刺网、定置单片流刺网、定置三重流刺网、定置双重刺网 6 种类型外，还有漂流无下纲刺网等其他流刺网，这些其他流刺网俗称散腿绫、散腿濂、散脚濂、鳓仔绫、大黄鱼濂、白濂仔、倒腿缯、马鲛散脚濂、鲳鱼散脚濂、双层散脚濂等。

一、渔具作业与结构特点

在沿海地区，以散腿流刺网为代表的其他流刺网，是我省的传统渔具之一。20 世纪 50 年代末至 60 年代中期，是本作业发展的鼎盛时期，后来因各种原因，本作业生产规模逐渐减少，80 年代以来，本作业有获得恢复发展。内陆以定置双重刺网为代表，主要分布在龙岩永定水库。渔具主尺度在(39～100)m×(3～6)m 范围，单船携带渔具数量 30～200 片，内网网目尺寸为 90～120 mm。内陆定置双重刺网的渔具主尺度在(1.0～1.5)m×(60～80)m 范围，内网网目尺寸为 60～80 mm，单船携带渔具数量 2～5 片。详见图 3-1-20。

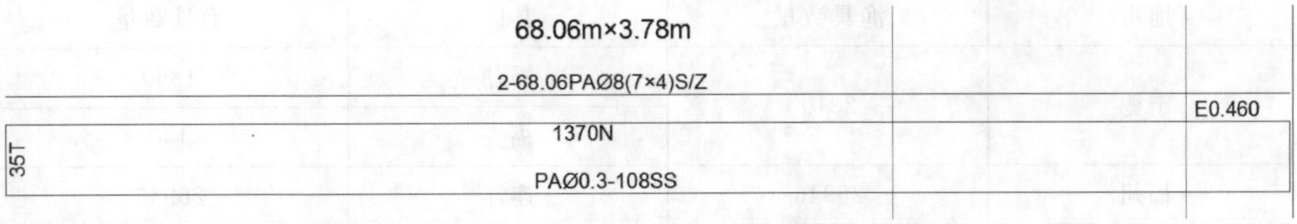

图 3-1-20　散腿流刺网的渔具结构图

二、主要捕捞对象

沿海的主要捕捞对象有大黄鱼、鳓鱼、马鲛鱼、鲨鱼等，兼捕梅童鱼、海鲶、舵鲣等。渔期 6～10 月，年作业天数约 100 天，旺汛 7～8 月；渔场较广，南自澎湖列岛附近，北至温台渔场，水深 30～70 m 海域。内陆主要在湖泊、水库捕捞草鱼、鳜鱼等淡水鱼。

三、渔法特点

沿海散腿流刺网在放网时，由主船放网，放网时渔船偏流慢速前进，先放出第一片网浮子纲的第一支浮标，然后按顺序投下沉子、网衣和浮子纲，每放 15 片网连接浮标 1 支，连续把网放完后，最后放出末端浮标。当网具漂流至潮流转向，就可以起网。起网由主辅船分头对向，各自拉起网列端浮标，接着拉收上纲、网衣，直到主辅船会合到一起。收网后，辅船把渔获物和网具搬上主船，共同整理网具，以备下次下网。内陆的渔法特点是把水平方向很长而垂直高度较短的长方形网衣横截于鱼类的通道上，使鱼类自动或被迫地从头部刺入网目之中或触及松弛而柔软的网衣之上，而被网目紧紧套住鱼体的鳃盖后缘进退不得或被松弛网衣缠络而达到捕捞的目的。图 3-1-21 为漂流双重散腿刺网的渔具作业示意图。

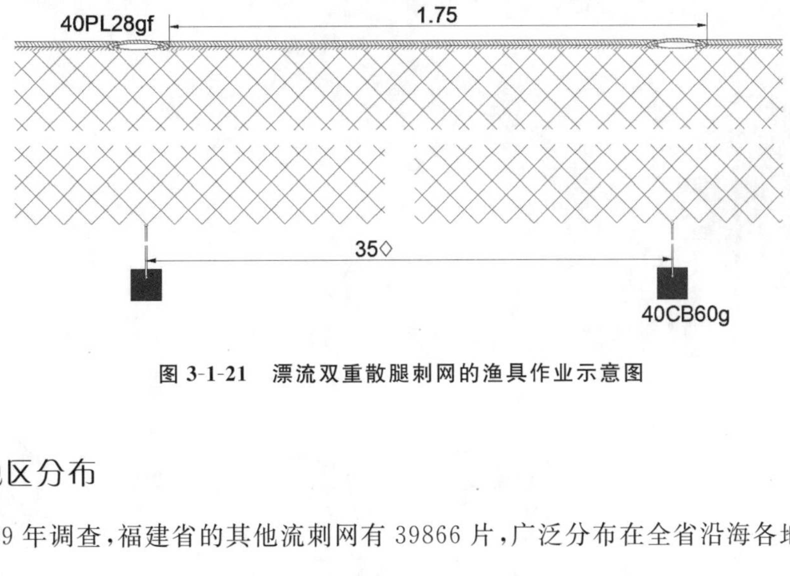

图 3-1-21　漂流双重散腿刺网的渔具作业示意图

四、地区分布

据 2009 年调查，福建省的其他流刺网有 39866 片，广泛分布在全省沿海各地，尤其以福州市的连江县、泉州市的丰泽区最多，连江县有 26946 片，占 67.59%，丰泽区有 7000 片，占 17.56%。内陆的龙岩市、永定县也均有 500 片，为定置双重刺网。具体见表 3-1-6。

表 3-1-6 福建省其他流刺网渔具地区分布表(单位:片)

地市	渔具数量	县区	渔具数量
宁德	2310	福鼎	1860
		福安	450
福州	26946	连江	26946
莆田	2108	仙游	2108
泉州	7000	丰泽	7000
厦门	854	海沧	854
漳州	148	云霄	148
龙岩	500	永定	500

五、管理意见

1.其他流刺网，如散腿流刺网的结构简单，成本低，易经营，渔获质量好，商品价值高。其网目尺寸较大，渔具选择性较好，基本不损害经济幼鱼。

2.根据中华人民共和国农业部通告【2013】1 号《农业部关于实施海洋捕捞准用渔具和过渡渔具最小网目尺寸制度的通告》(附件 1)，单片刺网准用，梭子蟹、银鲳、海蜇最小网目尺寸为 110 mm；鳓鱼、马鲛、石斑鱼、鲨鱼、黄姑鱼最小网目尺寸为 90 mm；小黄鱼、鲻鱼、鳎类、鱿鱼、黄鲫、梅童鱼、龙头鱼最小网目尺寸为 50 mm。应严格执行最小网目尺寸控制。

第二章 围网类

围网是福建省海洋渔业生产重要的捕捞工具之一，用于捕捞集群性的中上层及近底层鱼类。围网作业具有捕捞效率高、技术要求高、劳动强度高、网次产量大的特点。传统的围网作业，根据作业船数分单船和双船两式，依网具结构分有囊和无囊两型。

第一节 作业原理及渔场渔期

一、作业基本原理及特点

目前，我省的围网主要是灯光围网，瞄准捕捞的围网作业基本不存在。因此，围网作业时，根据捕捞对象的特点，并借助灯光诱集，使用长带形网具包围鱼群，采用围捕或结合围拖、围张等方式，迫使鱼群集中于取鱼群部或网囊，从而达到捕捞目的。灯光围网的捕捞对象要求具有一定的集群性和趋光性鱼类。渔具则由灯光诱集设备和网具 2 部分组成；作业技术要求不仅需要较高的灯光诱集技术，还必须具备较好的渔具操作技术。

二、作业方式和种类

我省的围网渔具，按网具结构特点，可分为有囊围网和无囊围网 2 种型，按作业方式分有单船和双船 2 种式。据 2009 年调查，福建省围网类渔具有 786 张，以单船有囊围网为主，占围网渔具总数量的 62.60%、单船无囊围网（俗称灯光围网或封网）占 37.40%（表 3-2-1、图 3-2-1）。

表 3-2-1 福建省围网类 2 种作业型式渔具的数量分布表

作业型式	单船无囊围网	单船有囊围网	合计
渔具数量（张）	294	492	786
%	37.40	62.60	100

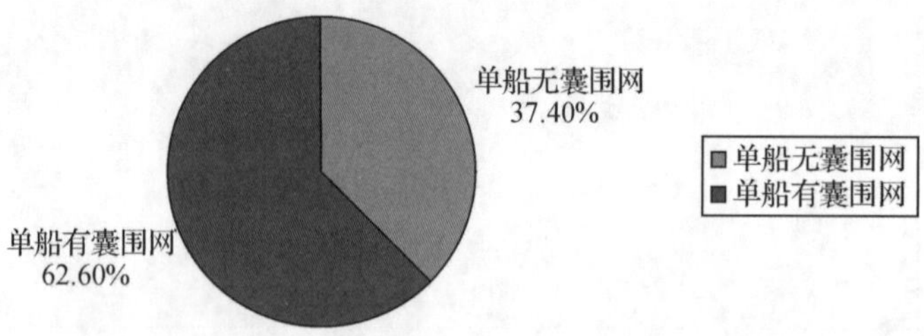

图 3-2-1 福建省围网类 2 种作业型式渔具的数量组成

三、渔场、渔期和渔获物组成

福建省的灯光围网主要作业渔场在台湾浅滩渔场、闽南渔场及闽中渔场，平均每年作业时间 4 个月左右，主要捕捞对象是蓝圆鲹、鲐鱼、金色小沙丁鱼、太平洋鲱、脂眼鲱、鱿鱼等。历史上，福建省的大围缯作业渔场以闽东渔场、闽中渔场为主，其中闽东渔场的主要汛期是冬季 12 月至翌年 2 月为旺汛，主要捕捞大黄鱼、鲐鱼；春汛（3～6 月）也是主要作业季节，主要捕捞大黄鱼、带鱼、马鲛、海鲶、鲳鱼、海鳗等；闽中渔场有冬、春两个汛期，1～3 月主捕大黄鱼、带鱼，3～6 月主捕带鱼、白姑鱼、鲐鲹鱼、马鲛、鲣鱼、海鲶等。

第二节 历史沿革及渔业地位

一、 历史沿革

福建省的围网作业始于 20 世纪 50 年代初期，发展于 20 世纪 60 至 70 年代，当时福建省的围网作业达到鼎盛时期，其年产量超过 15 万吨，几乎占到全省海洋捕捞年产量的 50%。80 年代后期受资源影响呈下滑趋势，围网类作业不断萎缩，到本世纪初，围网作业产量仅占到福建省海捕产量的 6%左右，居第四位。目前，双船有囊围网作业（大围缯）基本消失，仅有宁德、福州地区还有少部分的单船有囊围网作业，如宁德市福安县下岐村一般在钓船上配备有 1～2 顶规格 35 m×8 m×12 m 小型围缯，目的是为钓具准备饵料之用。单船无囊围网一般是指灯光围网，主要分布在福建省惠安以南的地区；双船有囊围网一般是指大围缯或各种小型围缯类作业，主要分布在福建省莆田以北地区。传统的围网作业主要捕捞品种有大黄鱼、鲐鲹鱼、带鱼、马鲛、舵鲣、乌贼及枪乌贼等。

二、作业现状

2016 年，虽然福建省有围网渔船 1343 艘，占福建省海洋渔船总数的 4.61%，但由于围网渔船的作业单位规模较大，围网渔船总功率却有 21.20 万 kW，占福建省海洋捕捞渔船总功率的 20.94%，围网渔船总吨位 35.91 万 t，占福建省海洋捕捞渔船总吨位的 16.13%。全年产量为 50.31 万 t，占全省海洋捕捞产量的 21.58%，具体见表 3-2-2。

表 3-2-2　福建省围网作业在全省捕捞业中所占比例(2016 年)

项目	渔船数量(艘)	渔船吨位(万 t)	渔船功率(万 kW)	年产量(万 t)
全省捕捞渔船	29154	222.50	101.25	233.10
围网渔船	1343	35.91	21.20	50.31
围网作业所占比例(%)	4.61	16.13	20.94	21.58

三、渔业地位

1. 围网渔业渔船数量、功率、吨位所占比例变化

福建省围网渔船数量 2007 年占全省渔船数量的比例为 3.40%，2016 年上升到4.61%，渔船数量所占比例上升了 1.21%；2007 年围网渔船的总功率占全省渔船总功率的比例为 6.82%，2016 年上升到 16.13%，上升了 9.31%；2007 年渔船总吨位占全省渔船总吨位的比例为 7.85%，2016 年上升到 20.94%，上升了 13.08%，详见图 3-2-2。显然，在福建省的海洋渔业中，围网渔业的投入显著增加。

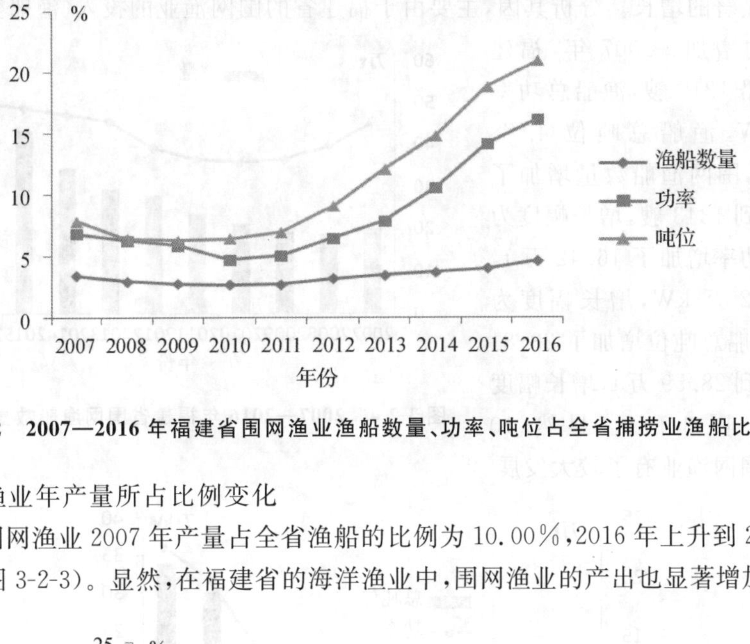

图 3-2-2　2007—2016 年福建省围网渔业渔船数量、功率、吨位占全省捕捞业渔船比例变化

2. 围网渔业年产量所占比例变化

福建省围网渔业 2007 年产量占全省渔船的比例为 10.00%，2016 年上升到 21.58%，提高了 11.58%(图 3-2-3)。显然，在福建省的海洋渔业中，围网渔业的产出也显著增加提高。

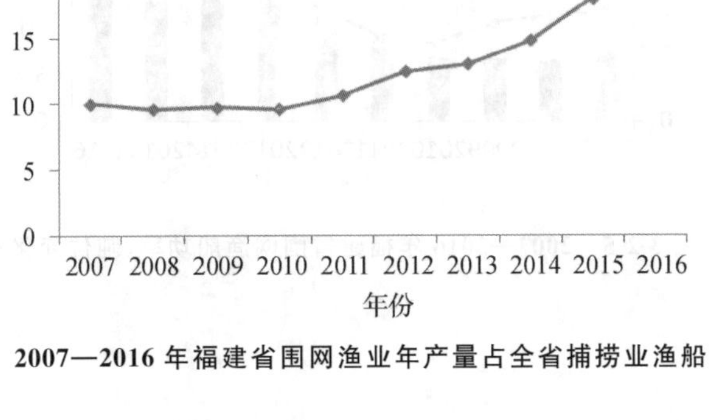

图 3-2-3　2007—2016 年福建省围网渔业年产量占全省捕捞业渔船比例变化

3. 渔业地位

近年来，由于受气候变化、环境污染、过渡捕捞等因素的影响，底层鱼类资源严重衰退，海洋捕捞业的发展陷入了困境，传统的渔具渔法与变化的渔业资源之间矛盾日益凸显，因此，利用对海洋生态和渔业资源损害较小的渔具，开发利用一些较为稳定的渔业资源种类，如鲐鲹鱼类资源，就成了海洋捕捞业生存的新的希望。围网作业对渔场的底质影响小，渔具选择性较好，因此，我省围网渔业在海洋捕捞业中所居地位稳步提升。

第三节 发展前景与管理

一、围网渔业的发展变化

2007 年，福建省围网渔业的年产量 20.08 万 t，2016 年增加到 50.31 万 t(图 3-2-4)，10 年来，围网渔业年产量增加了 30.24 万 t，增长幅度为 150.60%。可见，10 年来我省围网渔业年产量有显著的增长。分析其因，主要由于福建省的围网渔业的投入(渔船数量、功率、吨位)有较大的增加。2007 年，福建省有围网渔船 1215 艘，渔船总功率 12.10 万 kW，渔船总吨位 4.78 万 t；2016 年，围网渔船数量增加了 128 艘，增加到 1343 艘，增长幅度为 10.53%；总功率增加了 16.42 万 t，增加到 28.52 万 kW，增长幅度为 135.70%；渔船总吨位增加了 23.81 万 kW，增加到 28.59 万 t，增长幅度为 498.11%(图 3-2-5)。显然，10 年来我省的围网渔业有了较大发展。

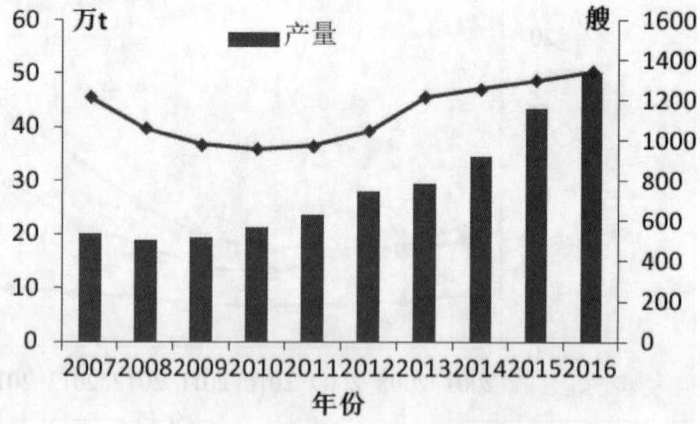

图 3-2-4 2007—2016 年福建省围网渔船数量、产量变化

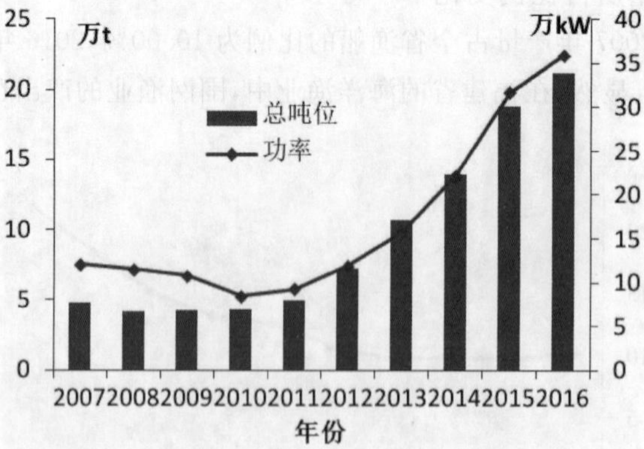

图 3-2-5 2007—2016 年福建省围网渔船功率、吨位变化

二、发展前景与管理意见

1. 根据戴天元等(2004)的评估结果，台湾海峡中上层鱼类资源年生产量为 154.8×10^4 t，其中，鲐鲹鱼类群聚资源量为 93.02×10^4 t，最大持续产量为 52.10×10^4 t。近年来，闽台灯光围网的年产量为 $(15\sim25)\times10^4$ t，其余鲐鲹等中上层鱼类主要被快速拖曳的近底层拖网和光诱敷网捕获。因此，要持续利用台湾海峡中上层鱼类资源，则必须合理配置这些作业的捕捞力量并进行科学管理。

2. 围网渔业具有捕捞效率高，渔具选择性较好，对捕捞对象具有较强的针对性，且对海底环境影响较小等特点，可以适当限制发展。

3. 鉴于目前渔业资源衰退的局面尚未恢复，围网渔具的发展不仅必须限制网具最大尺寸，还需限制渔船最大集鱼灯总功率。

第四节　单船无囊围网

福建省单船灯光围网也称作机帆船灯光围网，俗称"封网"，属单船无囊双翼围网。其作业方式是利用鱼类的趋光性用灯光诱集鱼群，然后放出带形网，网衣垂直张开，形成网壁，包围并拦阻鱼群逃逸，再逐步缩小包围圈，收绞括纲(或下纲)，封锁网口，驱使鱼群集中到取鱼部(或网囊中)而捕获。

一、渔具结构特点

福建省单船灯光围网是利用灯光诱集趋旋光性鱼类，用网具进行围捕的一种较大型群众海洋捕捞作业形式，是为解决延绳钓船夏汛生产出路而发展起来的。1964 年首先在厦门、东山等地进行试验，取得成功后得到迅速推广发展。目前灯光围网渔具主尺度为(240～280) m×(200～520) m；水上灯配备 130～270 kW，水下灯配备 5～16 kW；渔具最小网目尺寸在取鱼部，一般在 27～40 mm 之间；单船一般携带渔具 1～2 张。我省惠安单船无囊围网作业的渔具主尺度为 193 m×132 m，网目尺寸为 27 mm，其渔具结构如图 3-2-6 所示。

二、主要渔场、渔汛和捕捞对象特点

福建灯光围网渔船主要作业渔场在闽南—台湾浅滩渔场及闽中渔场。一般全年作业，平均每年实际生产时间为 120～135 天。主要捕捞对象为蓝圆鲹、鲐鱼、金色小沙丁鱼、太平洋鲱、脂眼鲱、鱿鱼等；幼鱼比例占 5%～8%。鱼类行为试验表明，除了脂眼鲱外，其他鱼类在生殖期一般不趋光，灯光围网通常捕不到生殖群体，对鱼类繁殖影响较小。根据主要渔获对象的生活阶段划分，大致可分为：春汛 3～6 月，主要渔获生殖鱼群；夏汛 7～9 月，以捕捞幼鱼索饵鱼群为主；秋冬汛 10 月～翌年 2 月，则大多捕捞越冬鱼群。通常每船每夜可投放 5～8 次，个别的多达 14～16 次。目前，灯光围网不仅在月暗夜正常生产，而且在月光夜同样照常生产。

在灯光围网作业的渔获物中，蓝圆鲹产量长期以来一直占据绝对优势，年产量比例高达 40.33%～64.0%。在 3～6 月份的春汛主捕蓝圆鲹生殖群体，兼捕脂眼鲱、金色小沙丁鱼和

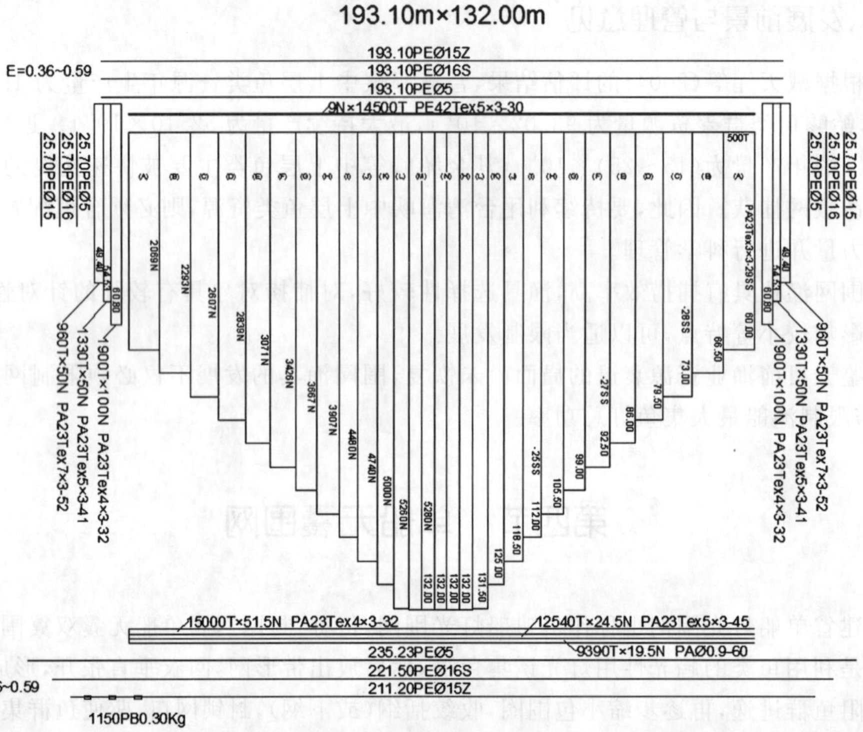

图 3-2-6 惠安县的单船灯光围网渔具结构图

竹筴鱼等中上层鱼类混栖群体。春汛作业渔场分布在台湾浅滩南部水深 30～60 m 水域，随时间的推移逐渐向东偏北方向移动；7～9 月份的夏汛主捕脂眼鲱和大甲鲹群体，以及蓝圆鲹幼鱼索饵群体，作业渔场分布范围为台湾浅滩南部水域、东碇、礼是列岛、兄弟岛及南澎列岛外侧 40～60 m 水域；10 月至翌年 2 月的秋、冬汛主要捕捞蓝圆鲹索饵群体和生殖群体，作业渔场移至台湾浅滩南部，与春、夏汛分布海区大致相同，但位置偏南。

三、渔法特点

该作业一般通过侦察鱼群，利用中上层鱼类的趋光特性，在船舷两侧悬挂水上灯和在水下悬挂灯光诱集鱼群，待达到一定密集度时，利用带网艇从网船释放出长带形的翼网，网衣在水中垂直张开，形成网壁，包围或拦截鱼群，逐步缩小包围面积、收绞括纲、封锁网底，驱使鱼群集中到取鱼部，用吸鱼泵或网抄捞取渔获物。图 3-2-7 为单船无囊围网作业示意图。

四、地区分布

据 2009 年调查，我省的单船无囊围网共有 294 盘，占全省单船围网总数的 37.40％，只有宁德市、泉州市、厦门市和漳州市 4 个地级市有分布。从地市分布看，宁德市最多，有 218 盘，占全省单船无囊围网总数的 74.15％，厦门市最少，有 11 盘，占总数的 3.74％；从县区分布看，宁德的福鼎市最多，有 168 盘，占全省拥有量的 57.14％。厦门市思明区最少，仅有 11 盘，占全省单船无囊围总数的 3.74％，具体见表 3-2-3。

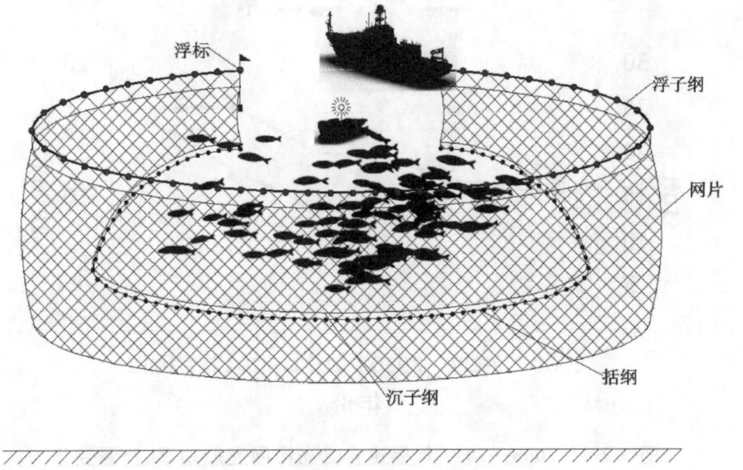

图 3-2-7　单船无囊围网作业示意图

表 3-2-3　福建省单船无囊围网渔具地区分布表(2009 年、单位:盘)

地市	渔具数量	县区	渔具数量
宁德	218	福安	50
		福鼎	168
泉州	31	石狮	19
		惠安	12
厦门	11	思明	11
漳州	34	东山	34
全省合计	294	6 个县区	294

五、发展前景

1. 福建省灯光围网渔业全年均可进行生产，主要作业渔场为台湾海峡中北部和闽南一台湾浅滩渔场。21 世纪以来，福建省的灯光围网功率和产量逐年上升，渔船功率由 2008 年的 11.50×10^4 kW 增加至 2013 年的 15.77×10^4 kW，增加了 37.13%，灯光围网的产量由 2008 年的 15.59×10^4 t 增加至 2013 年的 25.03×10^4 t，增加了 60.55%，如图 3-2-8 所示。2008 年灯光围网作业的渔船功率占全部海洋捕捞渔船功率的 6.26%、产量占 8.33%，到了 2013 年其渔船功率占 7.84%、产量占 12.92%，灯光围网作业在海洋捕捞作业中所处的位置明显上升。

2. 灯光围网作业是首先利用灯光把趋光性的中上层鱼类诱集，然后放网围捕。网圈包围鱼群后，很快就起网捕捞，围网底纲受到绞纲机向上绞收力的作用，对海底的压力少，且在海底逗留时间短(一般 8 min 左右)，一般对渔场的底质影响小，再说，在其捕捞的中上层鱼类中，除了脂眼鲱在生殖时还有趋光外，其他鱼类在生殖时不大趋光，灯光围网一般捕不到

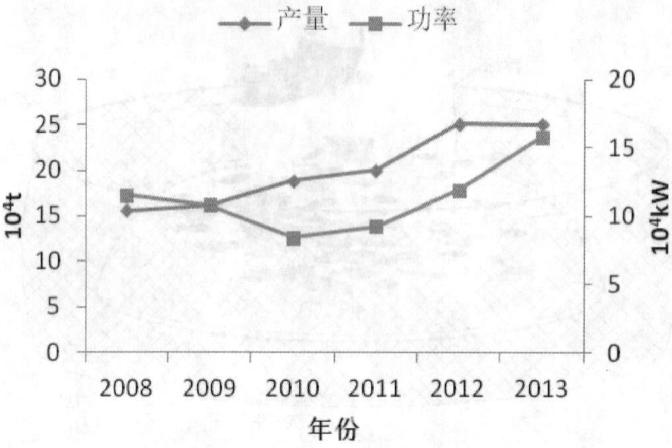

图 3-2-8 2008—2013 年福建省灯光围网渔船功率、产量变化

生殖个体，这就让中上层鱼类有繁殖的机会。加上灯光围网网具对鱼类的选择性相对好些，即对经济幼鱼危害较小。

3. 福建省水产研究所 2004 年应用 Schaefer 模型和 Fox 模型进行评估，福建省灯光围网作业最大持续产量为 10.4×10^4 t；21 世纪以来，福建省灯光围网产量为 $(10.54\sim25.03)\times10^4$ t，从福建省的灯光围网作业来看，对其主要捕捞对象有过渡利用趋势。

六、管理意见

1. 灯光围网渔业占据围网业的重要位置，但是，目前灯光围网作业渔船自动化程度较低，操作人员多，成本大。中上层鱼类深加工技术尚未突破，鱼价较低，灯光围网渔船的利润不高。如果要持续稳定发展灯光围网作业，则必须进一步改进捕捞设备和技术，提高捕捞效率，减小劳动强度，突破中上层鱼类的加工技术制约瓶颈，解决保鲜问题，提高其经济效益。

2. 由于渔业资源的变动，鱼群日趋分散和小型化，渔民为了提高捕捞效果，通过不断增加灯光强度来诱集鱼群。由于幼鱼趋光性更强，这样在诱集成鱼的同时也诱集了大量的幼鱼，既损害了资源又造成了能源的浪费。因此，应控制单船作业的灯光强度。

3. 根据中华人民共和国农业部通告【2013】1 号《农业部关于实施海洋捕捞准用渔具和过渡渔具最小网目尺寸制度的通告》(附件 1)，单船无囊围网准用，最小网目尺寸为 35 mm。应严格执行最小网目尺寸控制。

第五节 单船有囊围网

单船有囊围网是在双船有囊围网基础上发展起来的一种作业形式，俗称灯光围缯、三角虎。该渔具主要在闽中、闽东渔场作业，全年均可以生产。

一、渔具作业与结构特点

单船有囊围网的结构特点是网口大、网囊长、网口背腹设置三角网衣，整顶网编织工艺复杂，网翼部分中间增目两翼减目，呈梯形状，网囊部分的网目尺寸和增减目变化更多。其装配特点是中纲网衣缩减系数小，沉、浮比大，故此网具沉降快，包围范围大。渔具主尺度为(35～65.6 m)×8 m～55.2 m×(12～65.4 m)(网口周长×网衣总长)；配备水上灯 60 盏×1000 W，水下灯 10 盏×200 W；渔具最小网目尺寸在囊网部位，为 30 mm；单船一般携带渔具 1～2 顶。

目前正在快速发展的“三角虎网”属有囊围网，一般多为大概率渔船作业。与其他单船围网作业不同点是渔船后甲板配置并联卷网机和 2 台动力滑车，供起放网操作用。网具结构与单船有囊围网类同，沉子纲采用混合柔性类夹克芯纲，便于卷入卷网机。网具主尺度较大，为 900～1250 m×200～300 m×130～150 m，配备水上灯 60 盏×2 kW，水下灯 22 盏×2 kW。其捕捞效果好，旺汛期单船日产量可达到 500 t 左右。图 3-2-9 为单船有囊围网结构图。

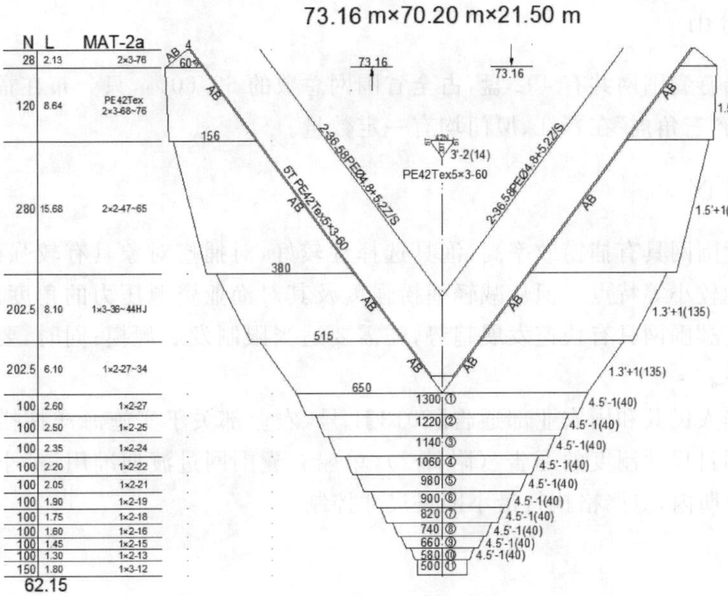

图 3-2-9　单船有囊围网(“三角虎网”)结构图

二、主要捕捞对象

主要捕捞对象为鱿鱼、鲐鱼、鳀鱼等。幼鱼比例占 1%～5%。

三、渔法特点

该作业一般通过侦察鱼群，在船舷两侧悬挂水上灯和在水下悬挂灯光诱集鱼群，待鱼群达到一定密度时，放下灯艇，开启灯艇自带的集鱼灯，关闭网船集鱼灯，投下连接网端的浮标，然后渔船绕灯艇放网，依次投放右翼网，网身、网囊、左翼网包围鱼群，完毕后，捞取浮标，收绞网具，灯艇缓慢向网囊处移动，诱导鱼群进入网囊，待收绞到网囊处，放下取鱼泵，吸取渔获物。从而达到捕获目的。图 3-2-10 为单船有囊围网(“三角虎网”)作业示意图。

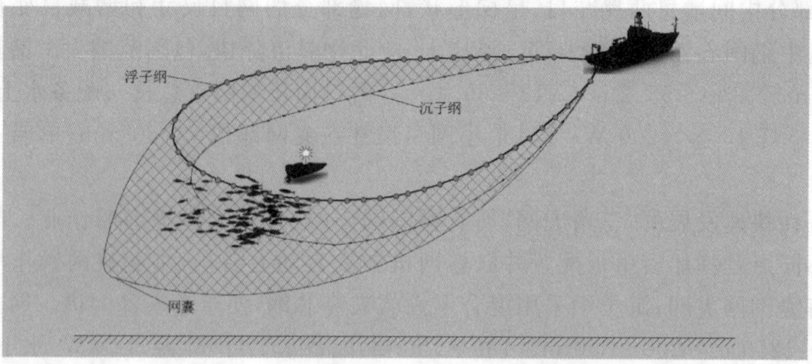

图 3-2-10 单船有囊围网（“三角虎网”）作业示意图

四、地区分布

我省的单船有囊围网共有 492 盘，占全省围网总数的 62.60%，只分布在福州市的连江县。最近发展的“三角虎”在晋江、厦门均有一定数量。

五、管理建议

1. 单船有囊围网具有捕捞效率高，渔具选择性较好，对捕捞对象具有较强的针对性，且对海底环境影响较小等特点。但从减轻捕捞强度及其对渔业资源压力的角度出发，尤其针对近年来“三角虎”围网具有快速发展趋势，还需要适当限制发展规模；同时，要限制渔船最大集鱼灯总功率。

2. 根据中华人民共和国农业部通告【2013】1 号《农业部关于实施海洋捕捞准用渔具和过渡渔具最小网目尺寸制度的通告》（附件 2），单船有囊围网过渡期准用，最小网目尺寸为 35 mm。在过渡期内，应严格执行最小网目尺寸控制。

第三章　拖网类

拖网是福建省海洋渔业生产中重要的作业渔具之一，历史悠久，渔业地位显著。福建海域自然地理环境条件和种类繁多的渔业资源，决定了它的种类较多，形式多样化。福建省沿海从南到北均有分布、内陆大型水库也有少量分布，如龙岩市的上杭县有单船单囊拖网作业。福建省的拖网渔具按作业方式分主要有单船和双船拖网两式；按渔具结构分主要有有翼单囊和桁杆拖网两型。

第一节　捕捞原理及作业现状

一、作业基本原理及其特点

拖网是一种移动的过滤性渔具，依靠渔船动力拖曳网具，在其经过的水域将鱼类强行拖入网内，从而达到捕捞的目的。拖网作业机动灵活、作业范围广、适渔性强、作业时间长、捕捞效果高。因此，在现代海洋渔业中，拖网仍然是主要作业方式之一。

现代拖网渔具的作业类型有底层拖网、近底层拖网、中层拖网，它在作业过程中，可以形成从海底到水面的一堵高墙，围捕栖息于不同水层的鱼类、甲壳类、头足类，捕捞效率高。加上拖网网目偏小，渔获选择性低，围捕了大量经济幼鱼，给海洋渔业资源造成了巨大压力；尤其底层拖网，为了捕捞到底层鱼类，装配了沉重的底纲，在海底拖曳，不但对鱼类资源本身的压力大，而且会破坏鱼类赖以生存的海洋底栖环境。同时拖网作业是一种高能耗的作业，对能源的高度依赖，使作业成本不断上升，效益下降。

二、作业方式和种类

据 2009 年调查，福建省拖网按网具结构特征分有 4 个“型”，包括有翼单囊型、有翼多囊型、桁杆型和框架型；按作业船只数分为 2 个“式”，即单船、双船。根据 2009 年调查，全省有各类拖网渔具 34241 张，99％以上是海洋捕捞渔具，内陆捕捞渔具仅有 20 张，占不到全省拖网总数的 1％。按照作业类型分，福建省的拖网可分为 6 种类型。即：单船表层单囊拖网、单船底层有翼单囊拖网、单船底层桁杆多囊拖网、双船底层有翼单囊拖网、双船底层单片多囊拖网和其他拖网。在这些作业类型中，单船底层有翼单囊拖网占绝大多数，占拖网渔具总数的 86.33%，双船底层有翼单囊拖网、单船表层单囊拖网、单船底层桁杆多囊拖网、双船底层单片多囊拖网渔具数量均很少(表 3-3-1、图 3-3-1)。

表 3-3-1 福建省拖网类不同作业型式渔具的数量分布表

作业型式	单船表层单囊拖网	单船底层有翼单囊拖网	单船底层桁杆多囊拖网	双船底层有翼单囊拖网	双船底层单片多囊拖网	其他拖网
渔具数量(顶)	42	29561	26	926	21	3665
%	0.12	86.33	0.08	2.70	0.06	10.70

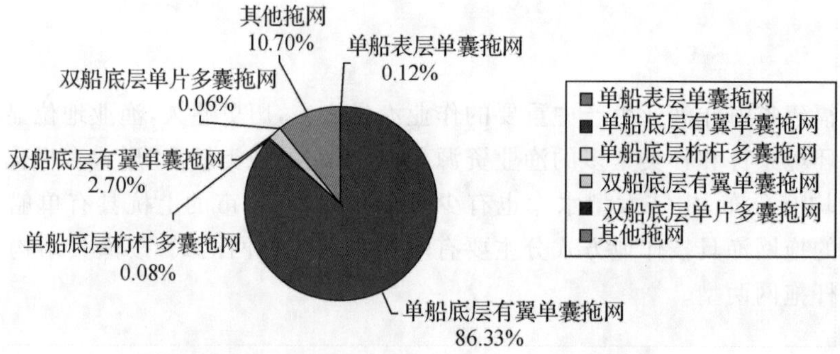

图 3-3-1 福建省拖网类不同作业型式渔具的数量组成

三、渔场、渔期和渔获物组成

主要捕捞对象为带鱼、大黄鱼、马面鲀、二长棘鲷。20 世纪 90 年代以后，随着单拖作业的发展，双拖作业开始大幅萎缩。目前福建省拖网作业主要以单拖为主，主要捕捞鲐、鲹鱼等中上层鱼类，其产量约占全省海捕产量的 40%，跃居第一位。

第二节 历史沿革及渔业地位

一、历史沿革

20 世纪 80 年代以前，福建省的拖网作业以双船拖网为主，产量占全省海捕产量的份额很小，约 3%，进入 80 年代后，拖网得到迅速的发展，产量约占全省海捕产量的 11.2%。由于拖网对海洋生态环境破坏较大，对经济幼鱼的损害较严重，加上近年来拖网的主要捕捞对象底层鱼资源衰退，福建省的拖网渔船数量有所减少，2016 年拖网渔船数量仅占全省捕捞渔船的 13.14%，但由于渔船主不断加大单船的渔船功率，拖网渔船的总功率有增无减，2016 年，福建省全省拖网渔船的总功率达到 43.29 万 kW，占渔船总功率的 42.76%，比 2007 年增加了 14.57 万 kW，增长幅度为 18.92%。由于渔船装配了较大功率，致使渔具规格不断扩大，拖网最大网目尺寸从20世纪80年代的200 mm扩大到目前常用的4～5 m，最大的达到20 m以上；网口周长从原来的150 m左右扩大到目前的400～1000 m，网具上纲长度由原来的48 m扩大到150～250 m。同时，由于渔船的探鱼仪等电子设备不断更新，操作技术不断改进，捕捞技术的快速进步，使拖网捕捞效率成倍提高。因而使得拖网捕捞强度不断增大，对渔业资源造成了巨大压力。

二、作业现状

2016年，福建省有拖网渔船3832艘，占福建省海洋渔船总数的13.14%，渔船总功率915880万kW，占福建省海洋捕捞渔船功率的41.16%。渔船总吨位432879万t，占福建省海洋捕捞渔船总数的42.76%。全年产量为84.98万t，占全省海洋捕捞产量的36.46%，详见表3-3-2。

表3-3-2 福建省拖网作业在全省捕捞业中所占比例(2016年)

项目	渔船数量(艘)	渔船功率(kW)	渔船吨位(t)	年产量(t)
全省捕捞业	29154	2225009	1012537	2331021
拖网渔业	3832	915880	432879	849800
拖网渔业所占比例(%)	13.14	41.16	42.76	36.46

三、渔业地位

1.拖网渔船数量、功率、吨位占全省海洋捕捞业比例变化

2007年，福建省拖网渔业占全省海洋捕捞业的比例，渔船数量为12.65%，渔船功率为43.39%，渔船吨位为39.94%；2016年有所变化，渔船数量的比例为13.14%，渔船功率为41.16%，渔船吨位为42.764%；相比之下，渔船数量所占比例增加0.49%，渔船功率所占比例却减少了2.23%。拖网渔船吨位所占比例增加了2.81%(图3-3-2)。

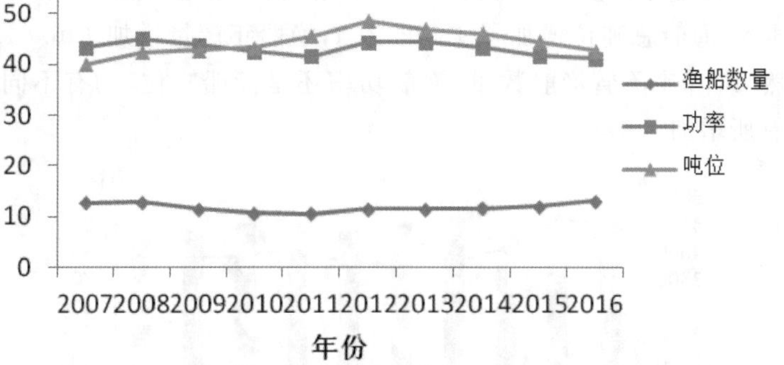

图3-3-2 2007—2016年福建省拖网渔船数量、功率、吨位所占比例变化

2.拖网渔船年产量所占比例变化

2007年，福建省拖网渔业产量占全省海洋捕捞产量的比例为38.93%，2016年下降到36.46%，所占比例下降了2.47%(图3-3-3)。

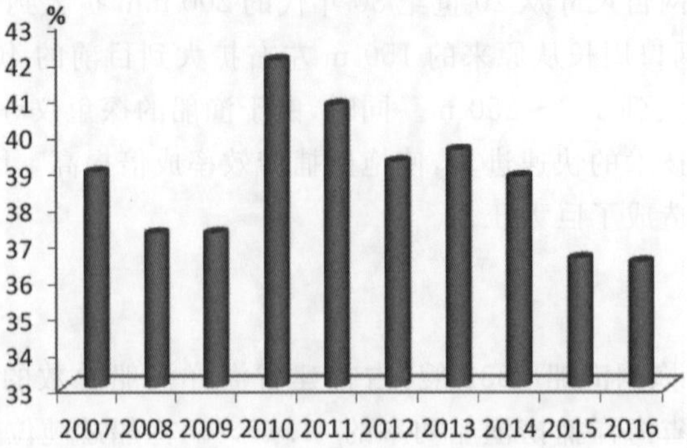

图 3-3-3 2007—2016 年福建省拖网渔业年产量所占比例变化

3. 渔业地位

近年来,由于受气候变化、环境污染、过渡捕捞等因素的影响,底层鱼类资源严重衰退,海洋捕捞业的发展陷入了困境。拖网作为我省的传统渔具,对海洋生态环境破坏性较大,对经济幼鱼损害较大,应控制其发展,逐步减少作业规模,但是,尽管10年来,在全省海洋捕捞业中渔船数量、功率、吨位和年产量所占比例有增有减,但幅度均不大,所占比例仍然较大,目前的主导地位还是不可动摇,海洋捕捞结构的调整仍任重道远。

第三节 发展前景

一、 拖网渔业的变化

2007年,福建省有拖网渔船数量4514艘,渔船总功率77.02万kW,渔船总吨位24.33万t,渔船年产量为78.13万t;2016年,拖网渔船数量有3832艘,总功率91.59万kW,渔船总吨位43.29万t,渔船年产量84.98万t。10年来,渔船数量增加了682艘,渔船总功率增加了14.57万kW,渔船总吨位增加了18.95万t,渔船年产量增加了6.841万t(图3-3-4,图3-3-5)。显然,10年来不管渔船数量、渔船功率还是渔船吨位,均有不同程度的增加,渔船的年产量也有所增加。

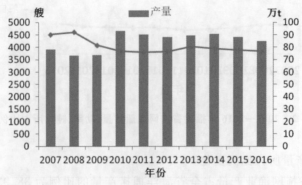

图 3-3-4 2007—2016 年福建省拖网渔船数量和产量变化

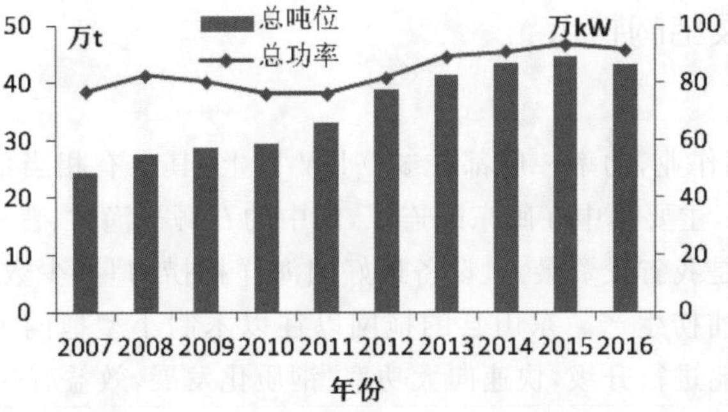

图 3-3-5 2007—2016 年福建省拖网渔船总功率、吨位的变化

二、发展前景

拖网渔具具有主动高效、渔获多样性、渔场适应性强等特点。虽然目前捕捞强度已经超过现有渔业资源的承受能力,加上拖网对海底生态环境有严重的破坏作用,其囊网网目尺寸过小、渔获对象选择性差,但是,目前拖网作为我省主要的捕捞作业方式,近 10 年来,其在海洋捕捞业中投入产出均占有较大比重,2007—2016 年,福建省拖网渔业占全省海洋捕捞业的比例,渔船数量占 12.65%～13.14%,渔船功率占 43.39%～42.764%,渔船吨位占 39.94%～41.16%,年产量占 38.93%～36.46%。说明,从渔业现状及管理实际等方面出发,尚有其存在的空间及必要性。

三、管理意见

从资源现状和管理现实出发,应把拖网列入限制发展过渡期,提出以下建议:

1. 加强严格实行“双控制度”、减船、减功率,严格控制捕捞强度和削减作业规模。

2. 严格控制网目规格,淘汰小规格网目,在适当时候要求拖网渔具安装选择性装置,改进渔具选择性,减少幼鱼捕获率,以减轻对经济幼鱼幼体损害程度。

3. 加强单拖渔业资源监测,随时掌握渔业生态动态,结合渔获物主要种类组成及其生物学特点的变化,预测渔业发展趋向,及时调整对策,以达到科学管理的目的。

第四节 单船底层有翼单囊拖网

单船底层有翼单囊拖网俗称单拖、大网、疏目快拖、快拖等。它是应用单艘渔船,拖曳两块网板或其他形式的扩张器,将网具左右展开,在拖曳过程中,驱使或迫使鱼类或其他渔获对象进入网囊达到捕捞目的。根据渔具分类,按单拖作业的网具结构特点划分为单船无翼单囊型拖网、单船无翼双囊型拖网、单船多囊型拖网、单船有翼单囊型拖网、桁杆拖网 5 个类型。前 3 个类型大多数在内陆水域作业,后 2 个类型则广泛分布于中国东南沿海。若按单拖作业的水层划分,可分为表层单拖、中层单拖和底层单拖。单船有翼单囊型拖网是一种由 2 个翼网、1 个身网和 1 个网囊构成的网具,以单船拖曳作业,依靠网板和上、下纲浮、沉子扩张网具,捕获渔获物。

一、渔船作业及结构特点

1. 渔船功率结构

我省的大型拖网作业，功率一般都在 300 kW 以上，其中有相当部分船只是钢质的，功率均在 441 kW 以上，主要集中在闽东的连江，闽中的石狮祥渔村、晋江深沪，闽南龙海的峿屿村，这些作业船只是我省投资最大、设备最好的海洋捕捞力量，少数拖网船还配备有速冻冷藏舱，能适应远洋捕捞生产。东山县的拖网以往以木制小型拖网为主，总体经济效益较差，近年来对单拖渔船进行升级，快速向大功率、钢质化发展，效益有一定的显著提高。

2. 渔船配置及设备条件

(1)助渔、助航设备

单拖渔船主要配备的助渔、助航设备有探鱼仪、定位仪、对讲机等，大功率渔船和一些经济效益好的中型渔船，还配备有雷达、单边带和卫星导航设备等。

(2)网板

福建单拖普遍采用钢质矩形“V”型网板，展弦比为 0.6～0.65，板面折角 15°～18°，压力中心位置 35.4%，工作冲角 40°左右。这种 V 型钢板结构简单，制造方便，又有互换性，机构牢固，适应于海底坚硬或底质不佳海区作业。

3. 网具类型及其作业特点

福建单拖在吸取广东、台湾两省技术经验的基础上，根据福建渔场特点，通过技术改革创新，形成了具有福建特色的各种单拖。按网口装配工艺划分有两片式单拖、四片式单拖和单片式单拖；按生产渔场底质划分有岩礁单拖、沙泥地单拖和泥地单拖；按网目大小划分有非疏目单拖、疏目单拖和超大目单拖；按捕捞对象划分有沙鳅单拖、蟹类单拖和网板捕虾拖网等。

(1)两片式单拖

两片式单拖是目前使用最多的，广泛分布于闽中、闽南沿海渔区，也是网具结构形式和网目规格最多的网具。其中，岩礁单拖网具的结构特点是沉纲直径加粗、腹网前段网目放大、袖网长度缩短，主要捕捞岩礁性经济价值高的鱼类；沙鳅单拖主要是在囊网内套上网目为 8～10 mm 的内囊网衣，是一种专捕夜间潜伏在沙地的绿布氏筋鱼(俗称沙鳅鱼)的网具；非疏目单拖指网口网目尺寸在 60～140 mm 的网具，其中网口目大 60～80 mm 的通常用于捕捞虾类，网口目大 100～140 mm 的，除捕虾外，还兼捕蟹类。疏目单拖指网口网目尺寸在 160～500 mm 的网具，主捕蟹类、头足类和一些经济鱼类(如二长棘鲷、绯鲤、海鳗等)，网口目大 300～500 mm 的网具，一般可兼捕中上层鱼类；超大目单拖是 20 世纪 90 年代末发展起来的网具，其网口目大 1～8 m 不等，以网口目大 1～2 m 者居多，主捕对象是近底层鱼类(带鱼等)和中上层鱼类(鲐鲹鱼等)。单船底层有翼单囊拖网网具的渔具主尺度为(160～448) m×(80～150) m；渔具最小网目尺寸在囊网，网目为 30 mm，其他部位的最大网目为 2～8 m，有的甚至达到 11 m；单船携带渔具 4～8 顶。图 3-3-6 为单船底层有翼单囊拖网网具结构图。

(2)四片式单拖网

该种网具 1990 年从南海水产研究所引进，采用四片式剪裁，侧网部分较大，网口相对较高，阻力较小，捕捞近底层鱼类和鱿鱼效果较明显。但由于网衣剪裁边和绕缝边多，网衣不易修补，装配工艺复杂，因此使用范围相对较窄。图 3-3-7 为四片式虾拖网网具结构图。

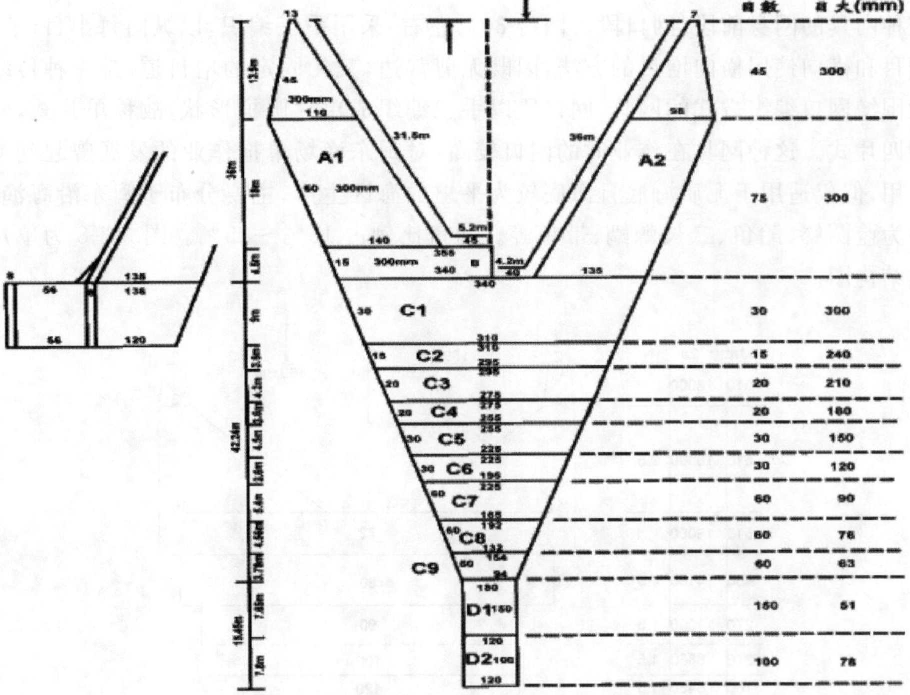

图 3-3-6　单船底层有翼单囊拖网网具结构图

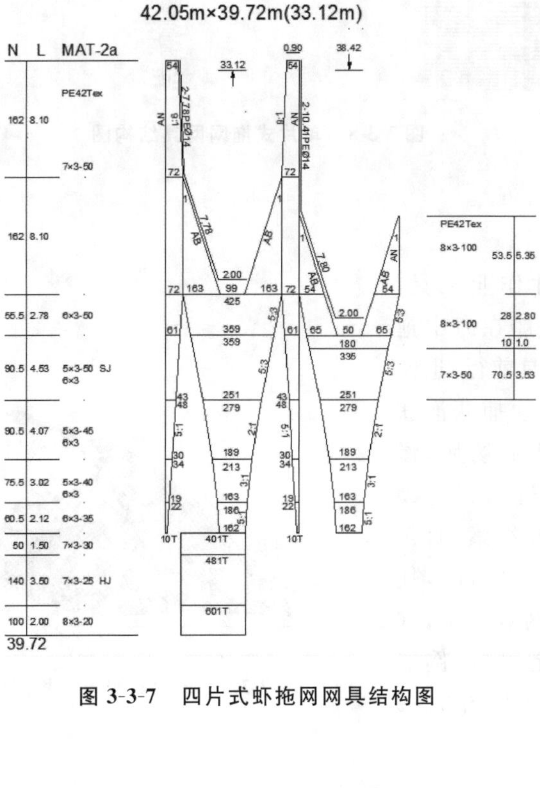

图 3-3-7　四片式虾拖网网具结构图

(3)单片式单拖网

该种网具的网身前段(网口段占网身30%左右)采用手工编织,以纵向每半目(节)逐渐缩小网目和横向使用横向增目的方法,因既无剪裁边,又无固定的增目道,是一种传统的类似于大围缯网口编织方式的网具,网口段以手工编织成单片圆桶形状,故称单片式,网身后部采用四片式。这种网具在作业时的网口较高,对闽东渔场单拖作业的发展曾起到一定的推动作用,但仅适用于泥质海底且海底较为平坦的海区生产,主要分布于闽东沿海渔区,主捕鱼种为蓝圆鲹、鲐鱼、二长棘鲷、带鱼等。幼鱼比例占15%～25%。图3-3-8为单片式拖网网具结构图。

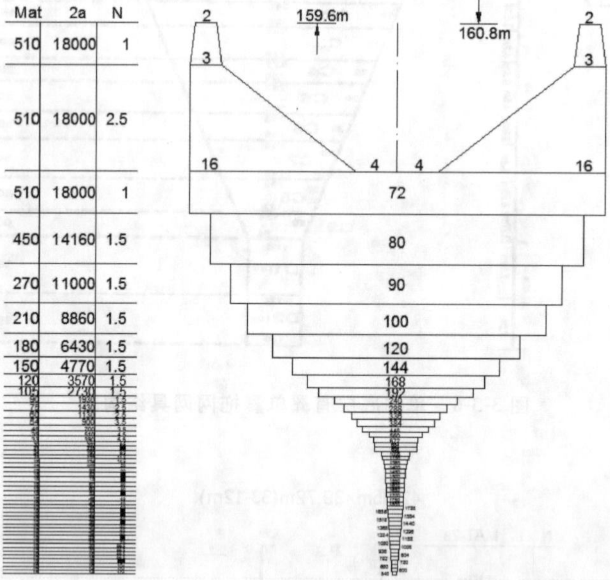

图3-3-8 单片式拖网网具结构图

二、渔法特点

该作业属过滤性作业工具,其原理是利用单艘渔船在海中拖曳带有2个网板的网具前行,迫使捕捞对象进入网内从而捕获渔获物的方法。渔船到达渔场后,慢车将囊网投入海中,进而将整顶网具带下海,依次松放纲索,直至网具达到作业水层。起网时,使用绞机依次将网板、网具绞上,并运用吊杆将囊网吊至甲板,倒取渔获物。其作业示意图如图3-3-9所示。

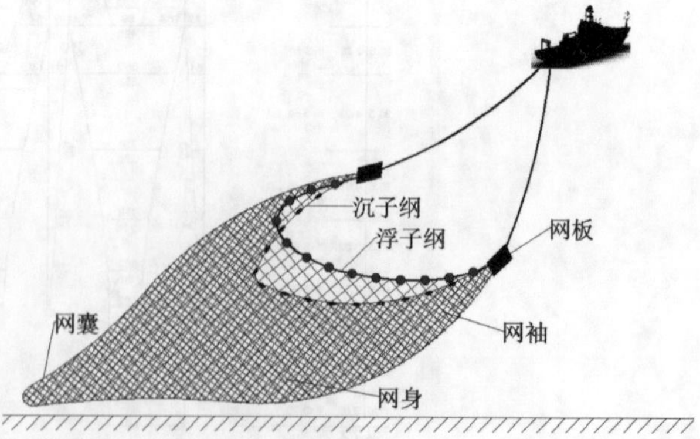

图3-3-9 单船有翼单囊拖网结构及作业示意图

三、发展演变及作业特点

20 世纪 80 年代单船拖网作业首先在闽南一台湾浅滩渔场迅速崛起，于 20 世纪 90 年代初进入闽中渔场、闽东渔场，逐渐发展成为福建海区的一种重要海洋捕捞方式。目前福建省拥有拖网作业船约 4000 艘，作业船的功率占整个海洋捕捞作业船总功率的 40%，捕捞产量约占当年海洋捕捞总产量的 35%～40%，均居首位，是福建省最重要的捕捞产业。

1. 渔船功率的发展变化

单拖作业船主要分布在闽中、闽南一台湾浅滩渔场，其数量占全省单拖作业船数的 83%～85%，这些单拖作业船主要来自于漳州市（东山、龙海）和泉州市（晋江、石狮）。在 20 世纪 90 年代闽南一台湾浅滩渔场单拖渔船以载重为 50～60 t，主机功率为 110～198 kW 为多数，而现在以主机功率为 300kW 以上占绝大多数。

2. 网具主尺度的演变

福建省单拖网口网目规格众多，目前，非疏目网和疏目网有 80 mm、100 mm、120 mm、140 mm、160 mm、180 mm、200 mm、250 mm、300 mm、340 mm、500 mm 等规格，其中以 160～500 mm 为多。超大目网有 1 m、1.6 m、2 m、3 m、4 m、5 m、8 m 等规格，其中以 1～2 m 居多。不同时期福建海洋捕捞单拖网具主尺度的变化如表 3-3-3 所示。可以看出，单拖的上纲长度和囊网网目大小的变化不大。究其原因，上纲长度主要受渔船甲板长度的限制，囊网网目则受生产经济效益的制约，单拖网口周长和网衣长度变化较大，主要得益于最近几年单拖捕捞中上层鱼类技术的提高和网渔具设计的进一步创新。

表 3-3-3 不同时期福建省单拖网具主尺度的变化

年度	上纲长度（m）	网口周长（m）	网衣长度（m）	网口网目（mm）	囊网网目（mm）
20 世纪 70 年代	32～41	44～66	32～46	80～200	30～40
20 世纪 80 年代	34～51	44～75	41～50	60～300	35～40
20 世纪 90 年代	40～60	45～90	45～60	60～500	35～40
20 世纪 90 年代末期起	40～75	55～200	41～90	60～500	35～50

3. 渔获量的变化

2009 年以前，福建省单拖作业渔获量基本呈平稳增长的态势，2009 年产量达 62.86×10^4 t。2009 年之后，福建省单拖作业渔获量逐步减少，2012 年产量仅 35.81×10^4 t（表 3-3-4，图 3-3-10）。2013 年恢复到 54.16×10^4 t。

表 3-3-4 2007—2013 年福建省沿海单拖作业产量及占比

年度	2007	2008	2009	2010	2011	2012	2013
产量（t）	586490	626439	628631	610105	556336	358115	541696
产量占比（%）	30.53	33.45	33.41	31.97	29.02	18.58	27.96

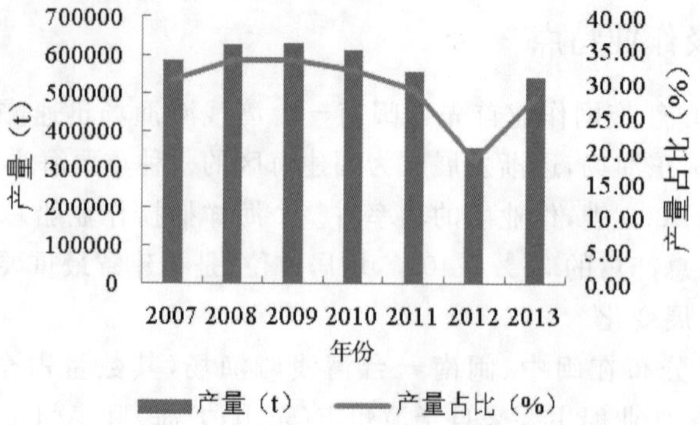

图 3-3-10 2007—2013 年福建省沿海单拖作业产量及占比

4.渔获种类组成及其演变

(1)主要利用经济种类

根据福建省海洋渔业资源监测资料，单拖作业渔获物主要优势种为带鱼、鲐鲹鱼、二长棘鲷、白姑鱼、刺鲳和头足类等。

(2)渔获结构的变化

据闽南—台湾浅滩渔场单拖作业调查，20 世纪 90 年代以来，福建沿海单拖作业渔获物组成发生了很大的变化。渔获种类日益减少，海洋生物的多样性遭受破坏。单拖虽能够捕捞多种渔业资源，其渔获量主要来自底层和近底层小型鱼类，但经济效益则依赖渔获价值较高的虾类、蟹类和头足类来维持。这些资源年间波动大，较易受过渡捕捞影响，一旦遭受破坏，将引发渔业危机。如过去在福建沿海单拖作业的渔获对象中，有一定数量的鲆鲽类、鳎类、鲨类、魟鳐类、鲷类等，现在数量不但减少，甚至连绿布氏筋鱼和蟹类的渔获比例也呈明显减少态势，有的鱼种已属罕见，有的鱼种近乎绝迹。而且由于网口周长增大，捕捞效率增强，对经济幼鱼的损害更加严重。

5.渔场分布的变化

根据福建海区定点调查，月平均单位时间渔获量以闽南—台湾浅滩渔场最高，其次闽中渔场，最低为闽东渔场。鱼类、甲壳类和头足类的月平均单位时间渔获量，闽南—台湾浅滩渔场＞闽中渔场＞闽东渔场。

单拖常年均可生产，一般年作业 140～250 天，年出海 35～45 航次不等。福建沿海定点调查单位时间渔获量高的渔区基本在单位时间渔获量较高的渔区或其附近渔区，中心渔场偏向澎佳屿附近、台西盆地、澎湖近邻、汕头东南部和台湾浅滩南部海区。秋冬季中心渔场向北移至澎佳屿、台西盆地、澎湖附近渔区，作业水深 35～80 m；春夏季中心渔场较偏向福建近岸、珠江口盆地、台湾浅滩南部和北部渔区，作业水深 30～70 m。通常有水下阶地的海区单位时间渔获量都比较高。随季节变化，各种水系交汇的边缘区往往形成中心渔场。

6.渔期的变化

福建海区，不同渔场不同季节，单拖作业平均单位时间渔获量各不相同(表 3-3-5)。全省不同季节平均单位时间渔获量，夏季＞秋季＞冬季＞春季。不同渔场、不同季节平均网时渔获量：夏季，闽南—台湾浅滩渔场＞闽中渔场＞闽东渔场；秋季、冬季、春季，闽南—台湾浅滩渔场＞闽东渔场＞闽中渔场。总体而言，福建沿海单拖作业单位时间渔获量基本呈由南向北递减的态势。

表 3-3-5　福建海域分季节单拖作业单位时间渔获量(单位:kg/h)

渔场	春季(5月)	夏季(8月)	秋季(11月)	冬季(2月)
闽东渔场	14.48	19.01	15.79	13.36
闽中渔场	14.27	33.78	8.56	12.74
闽南一台湾浅滩渔场	17.41	92.61	37.00	31.82
全省平均	15.54	51.86	21.64	19.93

四、单拖作业对主要经济种类幼鱼损害分析

带鱼、蓝圆鲹、鲐鱼是单拖等作业的主要利用对象,而单拖作业对其幼鱼资源的损害较为严重。

1. 带鱼

带鱼为单拖网作业主捕对象之一,占单拖网作业产量的 20%～35%,根据多年渔获物的分析结果,目前捕捞群体大多数为当年生群体。根据 2011 年石狮市单拖监测船在福建海区的监测数据,5 月和 8～12 月捕获带鱼中以幼鱼为多,其中在伏休前 5 月和开捕后 8 月期间捕获的带鱼,个体小于 100g 的数量占 80%～90%,9～12 月小于 100 g 数量占 55%～95%(表 3-3-6)。捕捞群体低龄化和小型化日趋严重,幼鱼比例不断上升现象明显。如按水产行业标准《重要渔业资源品种可捕规格 第 1 部分:海洋经济鱼类》(农业部公告第 2466 号,以下简称《标准》)中规定的东海区带鱼最小可捕规格肛长为 205 mm 来进行界定带鱼幼鱼所占比例,那么,可以从表中看出,伏休前 5 月和开捕后 8 月期间单拖网捕获的带鱼全未达到最小可捕规格,9 月、10 月和 12 月仅有 10.0%、2.0%和 8%达到最小可捕规格。

表 3-3-6　2011 年石狮市单拖监测船带鱼生物学测定

月份	肛长(mm)		体重 (g)		备注
	范围	平均	范围	平均	
1	109～164	132.7	16.1～56.7	28.1	<100g 占 100.0%;<205 mm 占 100.0%
5	115～201	156.8	41.3～111.8	61.8	<100g 占 89.3 %;<205 mm 占 100.0%
8	139～197	153.7	50.6～107.6	65.5	<100g 占 83.3%;<205 mm 占 100.0%
9	86～282	135.4	7.4～127.2	37.7	<100g 占 93.3%;<205 mm 占 90.0%
10	74～280	126.4	7.6～147.0	34.1	<100g 占 98.0%;<205 mm 占 98.0%
11	90～198	161.1	8.6～133.0	79.7	<100g 占 56.5%;<205 mm 占 100.0%
12	95～217	161.3	7.7～118.0	61.8	<100g 占 86.0%;<205 mm 占 92.0%
合计	74～282	144.6	7.4～147.0	48.9	<100g 占 89.4%;<205 mm 占 96.9%

2. 鲐鱼

鲐鱼为单拖网作业主要利用对象之一,多数年份占单拖网作业产量的 20%～30%。在

单拖网作业生产汛期 8～9 月，根据 2011 年石狮市单拖监测船在福建海区监测数据，渔获鲐鱼叉长分布为 210～237 mm，平均叉长为 223.0 mm，体重范围为 95.8～159.6 g，平均体重为 128.3 g。若以《标准》中规定东海区鲐鱼最小可捕规格叉长为 220 mm 界定鲐鱼幼鱼所占比例，则渔获物中鲐鱼未达到可捕最小规格的数量比例为 29.0%，其中 8 月达到最小可捕规格占 66.7%。9 月达到最小可捕规格占 73.7%（表 3-3-7）。

表 3-3-7　2011 年石狮市单拖监测船鲐鱼生物学测定

月份	叉长(mm)		体重 (g)		备注
	范围	平均	范围	平均	
8	210～237	223.7	95.8～159.6	130.9	<220 mm 占 33.3%
9	210～236	222.6	97.8～156.2	126.6	<220 mm 占 26.3%
合计	210～237	223.0	95.8～159.6	128.3	<220 mm 占 29.0%

3. 蓝圆鲹

蓝圆鲹常与鲐鱼混栖，为单拖网作业主捕对象之一，根据 2011 年石狮市单拖监测船在福建海区监测数据，夏秋季 8～11 月拖网渔获蓝圆鲹叉长分布为 113～256 mm，平均叉长为 168.0 mm，体重分布为 14.6～193.6 g，平均体重为 55.9 g。若以《标准》中规定东海区蓝圆鲹最小可捕规格叉长 150 mm 来界定蓝圆鲹幼鱼所占比例，8～11 月拖网渔获蓝圆鲹达到最小可捕规格的个体数量占 74.5%，其中 8 月渔获群体全部达最小可捕规格，9 月有 78.6%数量达最小可捕规格，10 月有 80.0% 达最小可捕规格，11 月全部未达最小可捕规格，12 月全部达到最小可捕规格（表 3-3-8）。

表 3-3-8　2011 年石狮市单拖监测船蓝圆鲹生物学测定

月份	叉长(mm)		体重 (g)		备注
	范围	平均	范围	平均	
8	155～256	197.3	34.8～193.6	78.4	<150 mm 占 0.0%
9	130～214	160.1	29.2～125.6	50.2	<150 mm 占 21.4%
10	129～197	172.3	21.9～70.5	56.3	<150 mm 占 20.0%
11	113～131	123.0	14.6～22.0	19.3	<150 mm 占 100.0%
12	153～235	193.1	37.1～131.0	84.8	<150 mm 占 0%
合计	113～256	168.0	14.6～193.6	55.9	<150 mm 占 25.5%

由上述可见，单拖网对带鱼幼鱼资源的损害最为严重，每月基本上以捕尚未达最小可捕规格带鱼为主，在秋季 8～10 月单拖网渔获鲐鲹群体多数达到最小可捕规格。

五、地区分布

把两片式单拖、四片式单拖和单片式单拖统称为单船拖网。据 2009 年调查统计，全省共有单船拖网 30272 顶，占全省拖网渔具(34221 顶)的 88.46%。其中漳州市最多，达

19450 顶,占全省单拖网具总数的 64.25%,泉州市次之,有 10316 顶,占 34.08%,最少是厦门市,仅有 20 顶;从县市看,东山县最多,达 19450 顶,占全省单拖网具总数的 64.25%,石狮市次之,有 9636 顶,占 31.83%,最少是泉州的秀屿区,只有 3 顶。具体分布情况见表3-3-9。

表 3-3-9 福建省单拖网具统计表(单位:顶)

地市	渔具总数	县区	渔具总数
宁德	317	福鼎	252
		福安	13
		霞浦	52
福州	147	平潭	147
莆田	22	北岸经济开发	19
		秀屿	3
泉州	10316	惠安	410
		石狮	9636
		丰泽	270
厦门	20	思明	20
漳州	19450	东山	19450
全省合计	30272	11 个(县、市)	30272

六、管理建议

福建沿海单拖作业捕捞强度已经超过现有渔业资源的承受能力,为确保渔业资源的可持续利用,提出以下建议:

1. 加强严格实行"双控制度"、减船、减功率,严格控制捕捞强度和削减作业规模。

2. 严格控制网目规格,淘汰小规格网目,推广超大网目拖网(网口网目规格为 1～2 m),以减轻对经济幼鱼幼体损害程度。

3. 加强单拖渔业资源监测,随时掌握渔业生态动态,结合渔获物主要种类组成及其生物学特点的变化,预测渔业发展趋向,及时调整对策,以达到科学管理的目的。

4. 加强现行的伏季休鱼期管理,考虑调整或延长伏季休渔时间。

5. 根据中华人民共和国农业部通告【2013】1 号《农业部关于实施海洋捕捞准用渔具和过渡渔具最小网目尺寸制度的通告》(附件 2),单船底层有翼单囊拖网过渡期准用,最小网目尺寸为 54 mm。在过渡期内,应严格执行最小网目尺寸控制。

第五节 双船底层有翼单囊拖网

双船底层有翼单囊拖网俗称双拖、拖底、土网(晋江、石狮),对于网目 2m 以上的双船拖网也俗称大网、疏目快拖、快拖等。双船拖网作业是由两艘渔船共同拖曳一顶网具,并保持一定的平行距离使网口水平张开,使用浮、沉子使网口垂直扩张,通过调节曳纲长度和拖曳速度来控制网具作业的水层。在拖曳过程中迫使鱼、虾类等捕捞对象入网而达到捕捞目的。双船拖网按照作业水层划分为表层、变水层和底层拖网三种作业方式。福建省的双船拖网主要是双船底层有翼单囊拖网渔具,其数量有 946 顶,仅占全省拖网总量的 2.76%左右。

一、渔具结构特点

双拖渔船功率多数在 235～294 kW,部分渔船达 294 kW 以上。双拖作业网具规格较大,多为超大网目网具,采用手工编织与机织网片相结合的方法扎制。大网目部分采用手工编织,小网目部分采用机器编织网片,网具成圆筒形状。网口网目尺寸最大达 20 m 以上,常用在 4～8 m 之间;网口周长最大为 1920 m,一般为 200～540 m;拖网囊网网目尺寸为 25～60 mm。网具规格及网口面积的增大,相对扩大了网具的扫海面积,提高了捕捞效率。渔具主尺度为(250～500) m×(120～180) m;渔具最小网目尺寸为 30 mm,其他部位的最大网目(一般为袖网)为 2～11 m;单船携带渔具 3～10 顶(图 3-3-11)。

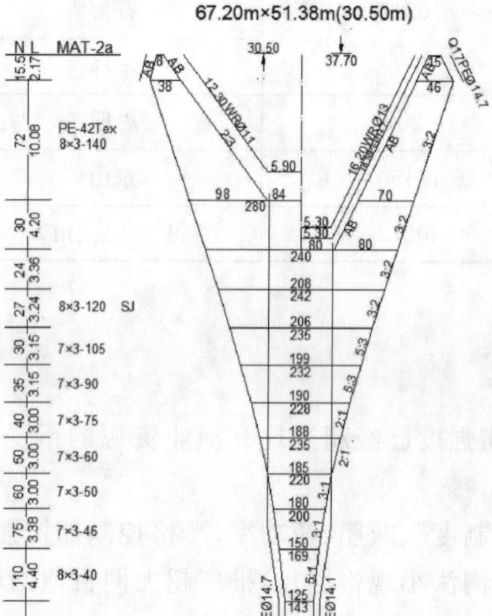

图 3-3-11 双船底层有翼单囊拖网渔具结构图

二、主要捕捞对象

捕捞对象主要有带鱼、鲳类、马鲛类、小黄鱼、蓝圆鲹、鲐鱼、马面鲀、二长棘鲷、头足类、虾蟹类等。幼鱼比例占 10%～20%。主要作业渔场在台湾海峡、闽南—台湾浅滩渔场等。主要作业渔期每年 9～12 月。

三、渔法特点

该作业属过滤性作业工具,其原理是利用 2 艘渔船拖曳网具在海底前行,迫使捕捞对象进入网内从而捕获渔获物的方法。渔船到达渔场后，带网船放下网具，等待空纲放完毕后，将网具一侧网端的空纲连接纲索传至另一艘船，两船快车松放曳纲，放网完毕后，两船按一定间距平行拖曳。起网时，两船慢车收绞曳纲，曳纲收绞完毕，一船将曳纲连接纲索传至带网船，带网船继续收绞纲索和网具，收到囊网时，利用吊杆将囊网吊至甲板，倒取渔获物。图 3-3-12 为双船底层有翼单囊拖网作业示意图。

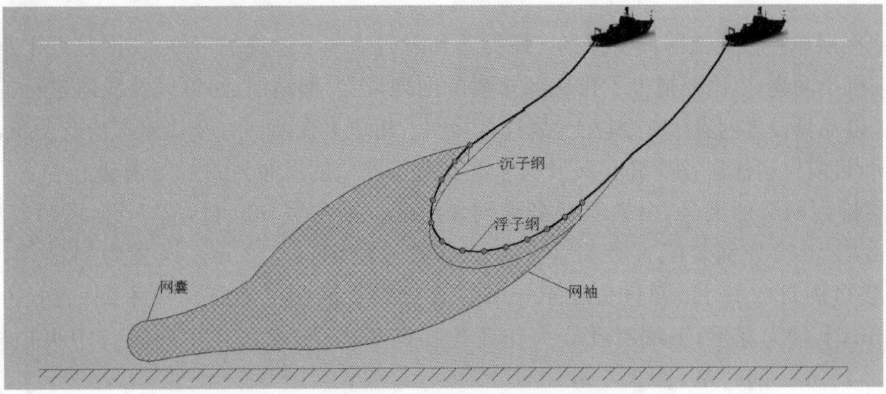

图 3-3-12　双船底层有翼单囊拖网作业示意图

四、地区分布

据 2009 年调查统计，全省共有双船拖网 950 顶，占全省拖网渔具(34221 顶)的 2.78%。其中泉州市最多，达 926 顶，占全省双拖网具总数的 97.47%；从县市看，泉州的石狮市最多，达 920 顶，占全省双拖网具总数的 96.84%。具体分布情况见表 3-3-10。

表 3-3-10　福建省双拖网具统计表(2009 年、单位：顶)

地市	渔具总数	地区	渔具总数
宁德	24	福鼎	24
泉州	926	南安	6
		石狮	920
全省合计	950	3 个县市	950

五、管理意见

双船有翼单囊拖网是传统的拖网作业方式之一，具有渔具规格大，捕捞品种多样性等特点。该类作业对海底环境具有较大的破坏(底层拖网)，同时选择性差、幼鱼所占比例大，对渔业资源破坏较严重，管理建议如下：

1. 按照渔船功率分级限制网具规格，包括网口周长等，减轻对渔业资源的压力。

2. 在过渡期内，强化技术研发、熟化和管理，推进针对底拖网的环境友好型底纲结构改造以及拖网选择性装置的应用，以减少对环境和资源的破坏。

3. 根据中华人民共和国农业部通告【2013】1 号《农业部关于实施海洋捕捞准用渔具和

过渡渔具最小网目尺寸制度的通告》(附件 2)，双船底层有翼单囊拖网过渡期准用，最小网目尺寸为 54 mm。在过渡期内，应严格执行最小网目尺寸控制。

第六节　双船底层单片多囊拖网

双船底层单片多囊拖网，是利用鱼、虾类遇到障碍物向下逃逸的习性，在网具近下纲网衣部位设置一排小网囊，以两船拖曳 1 排底部多囊的网列，在大型湖泊、河口区及浅海进行捕鱼作业的网具。该渔具设置网囊 100 个以上，故称百袋网。历史上在浙江省及福建省均有分布，2009 年调查表明，目前仅剩福建省莆田市 21 个作业单位和漳州市的漳浦县的 42 个作业单位。

单层排列网袋的网具，由乙纶网身和网袋组成。网身宽 600 目，高 7 目，网目长度为 35～40 mm，上下缘分别装配直径为 8～10 mm 的乙纶纲，长 12 m。网袋为斜锥体，每顶网 100 只，袋口周目数 l2 目，网目长度 40 mm。连接网身两侧的挡杆为硬木制，直径 0.35 m，长 0.62 m，上端为球形，下端有孔。为作业连接网具需要，在网列中间装有中央挡杆，其直径为 30～40 mm 的竹竿，长 2.5 m。

一、渔具作业与结构特点

双船底层单片多囊拖网的整个渔具由 8～12 个单元组合而成，每单元网具由乙纶网身和网囊组成，网身宽 600 目，高 7 目，网目长度为 35～40 mm，上下缘分别装配直径为 8～10 mm 的乙纶纲，长 12 m。网袋为斜锥体，每顶网 100 只，袋口周目数 l2 目，网目长度 40 mm。连接网身两侧的挡杆为硬木制，直径 0.35 m，长 0.62 m，上端为球形，下端有孔。为作业连接网具需要，在网列中间装有中央挡杆，其直径为 30～40 mm 的竹竿，长 2.5 m。网身为一长带形网衣，网衣下部设置约 40 个小网囊，网囊呈锥形。图 3-3-13 为漳州市漳浦县的百袋网渔具结构图。

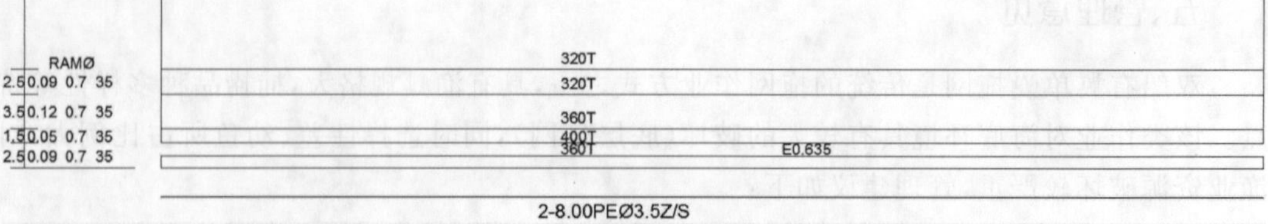

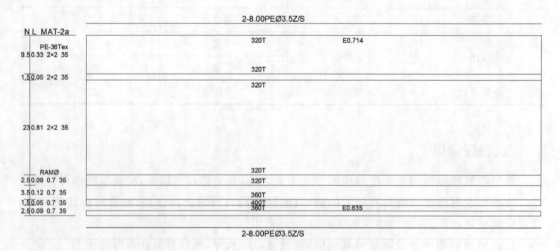

图 3-3-13　漳州市漳浦县百袋网渔具结构图

二、主要捕捞对象及渔场渔期

双船底层单片多囊拖网，常年可生产，旺季在 2～6 月，渔场在近海沿岸，水深 20～50 m 的沙或泥沙底质海区。主要捕捞对象为哈氏仿对虾、周氏新对虾、中华管鞭虾等及梅童鱼、鲻鱼等小型鱼类。

三、渔法特点

作业时，两艘载重 20 t 左右的渔船拖曳两网列作业时，两船靠拢，下风船接到上风船的前后排网列的中央挡杆后，速将本船的半列网（各为 5 顶百袋网）分别连接起来，并在叉纲端各系结重 15 kg 沉石一块。两船前进放网和曳纲（长 80 m 左右），两船间距约 150 m。两船背向放网，完毕后，顺流拖曳。拖网过程中，两船分别放出舢舨，起网时，两船同时停船起网，将囊网拉上甲板，逐个网袋收取渔获物。一般白天取鱼两次，夜间取鱼一次。图 3-3-14 为双船底层单片多囊拖网结构及作业示意图。

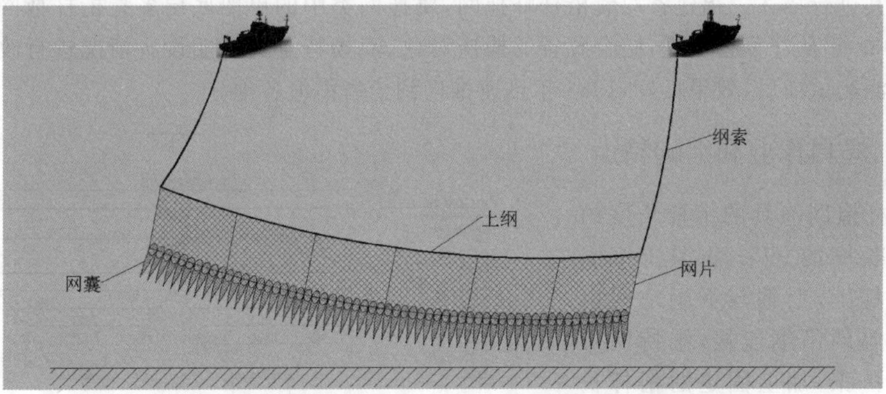

图 3-3-14　双船底层单片多囊拖网结构及作业示意图

四、地区分布

2009 年调查表明，双船底层单片多囊拖网，仅剩福建省莆田市 21 个作业单位和漳州市漳浦县的 42 个作业单位，共 63 顶，占全省拖网总数的 0.18%。具体见表 3-3-11。

表 3-3-11　福建省双船底层单片多囊拖网统计表（单位：顶）

地市	渔具总数	县区	渔具总数
莆田	21	北岸经济开发	1
		秀屿	20
漳州	42	漳浦	42
全省合计	63	3 个县市	63

五、管理意见

该渔具主要利用沿岸浅水区小型鱼虾类资源，虽具有结构简单、成本低的优点。但其技术水平低，渔具数量较少，捕捞效果差，主要在河口、海湾浅水区作业，且主要捕捞小型鱼类以及经济鱼类幼鱼，对底质环境和渔业资源破坏严重，根据中华人民共和国农业部通告【2013】2号《农业部关于禁止使用双船单片多囊拖网等十三种渔具的通告》（附表JY-01），双船单片多囊拖网禁止使用。

第七节　单船底层桁杆多囊拖网

单船式桁杆型拖网（简称桁杆拖网）由桁杆、网身和网囊构成，并根据需要网囊的数量可设置双囊或多囊。我省俗称虾拖网、桁杆拖网。鉴于本省目前仅有双囊桁杆虾拖网作业，本节仅对其进行描述。福建省双囊桁杆虾拖网，属拖网类中的单船底层多囊桁杆拖网。该网具于1982年从江苏省引进，结合我省的捕捞对象、渔场特点及渔船设备情况进行改进。经过闽东渔场试捕后，效果良好，1983年迅速推广到全省沿海各地。

一、渔具作业和结构特点

桁杆拖网渔具的桁杆长度约为渔船长度的90%，网具上纲固定在桁杆上，上纲与下纲之间由条数不等的吊纲连接，维持网口的垂直扩张，加上固定的桁杆长度，网具有稳定的水平扩张和垂直扩张特点，作业时要求网具有足够的沉力，使下纲贴底，提高网具捕捞效果。双囊桁杆虾拖网结构系二片式拖网。网衣由网盖、网身及网囊三个部分组成。身网共分6段，第三段开始又分成2个网身，每个网身各连接一网囊，各段网衣均采用编缝连接。渔具主尺度为117.80 m×21.012 m（16.15 m），渔具最小网目尺寸为30 mm。图3-3-15为拖虾网渔具结构图。

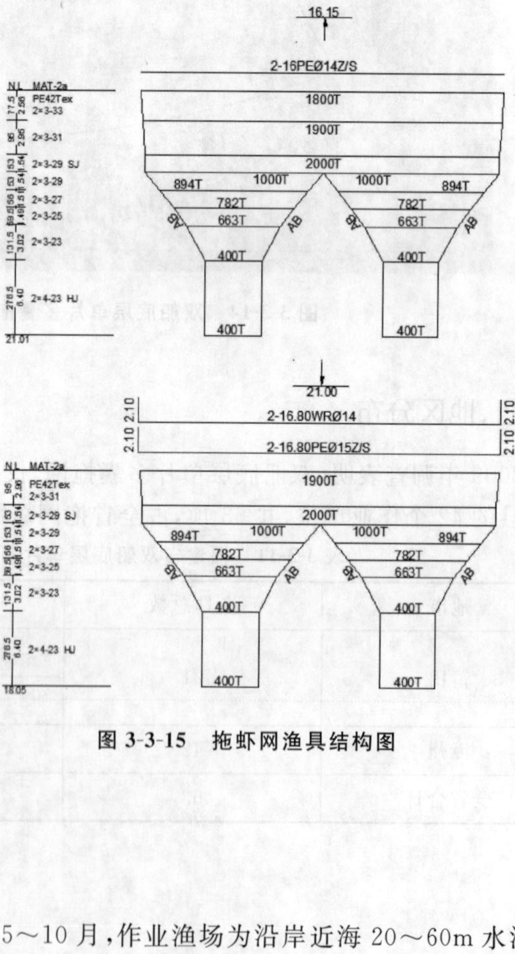

图3-3-15　拖虾网渔具结构图

二、渔场、渔汛和主要捕捞对象

桁杆拖网常年均可以作业，旺汛期为5～10月，作业渔场为沿岸近海20～60m水深、底质泥、沙泥的海域，以闽东渔场的产量较高，主要捕捞哈氏仿对虾、中华管鞭虾、须赤虾、鹰爪虾、假长缝拟对虾、刀额新对虾等兼捕捞一些鱼类，幼鱼比例约占45%。

鹰爪虾汛渔期在5～8月，渔场在近海40～65 m水深海域；秋季中华管鞭虾汛渔期在8～11月，渔场在长江口以南的东海近海40～70 m水深海域；秋冬季哈氏仿对虾汛渔期在10月～翌年2月，兼捕鹰爪虾、葛氏长臂虾等，渔场在近海40～60 m海域；冬春季拟对虾汛渔期为12月～翌年4月，以捕捞假长缝拟对虾和须赤虾为主，渔场在闽东渔场60 m水深以东海域。

三、渔法特点

渔船到达渔场后，技术员根据水深、流向、风向，以决定曳纲松放长度及放网方向，使作业舷受风。将网具放入海中，并用吊杆将桁杆吊入海中，松放曳纲，直至放网完毕。一把拖曳2小时(白天)或3小时(夜间)后就可以起网。起网时，渔船转向，使作业舷受风，收绞曳纲至桁杆时，利用舷侧吊杆将桁杆吊起，并依次将囊网吊入甲板，倒取渔获物。图3-3-16为单船桁杆拖网结构及作业示意图。

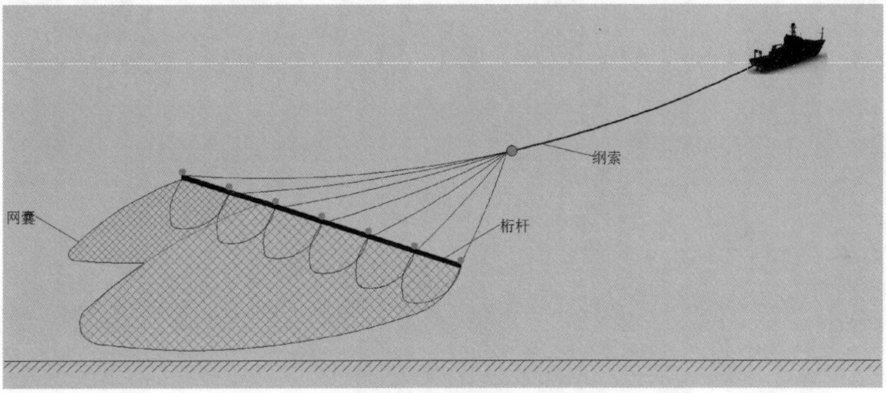

图3-3-16 单船桁杆拖网结构及作业示意图

四、地区分布

21世纪以后，由于渔业资源变化等各种的原因，渔船大量减少。2009年调查表明，单船桁杆拖网，仅剩福建省宁德市和莆田市26个作业单位，其中宁德福鼎市24顶，莆田秀屿2顶，具体见表3-3-12。

表3-3-12 福建省单船桁杆拖网统计表(单位:顶)

地市	渔具总数	县区	渔具总数
宁德	24	福鼎	24
莆田	2	秀屿	2

五、管理意见

底层桁杆拖网作为捕虾专业渔具，网目尺寸过小，选择性较差；虽以捕捞甲壳类为主，但兼捕比例过高，对幼鱼资源的损害较大。根据中华人民共和国农业部通告【2013】1 号《农业部关于实施海洋捕捞准用渔具和过渡渔具最小网目尺寸制度的通告》(附件 2)，单船桁杆拖网过渡期准用，最小网目尺寸为 25 mm。在过渡期内，应严格执行最小网目尺寸控制。

第四章 张网类

张网是东海区海洋捕捞主要作业渔具之一，属被动型过滤性渔具，也是福建省分布广、型式繁杂、数量较多的传统定置渔具，在海洋捕捞业中占有举足轻重的地位，据 2009 年统计，福建省张网渔具占东海区渔具总数的 43.68%。据 2016 年福建省水产统计数据，福建省张网渔船数量、功率、吨位及产量分别占全省的 16.17%、6.49%、5.73%和 14.89%。

第一节 捕捞原理及渔场、渔期和渔获组成

一、捕捞基本原理及其特点

张网作业的原理是根据捕捞对象的生活习性和作业区域的水文条件，将囊袋型网具（有的无囊），用桩、锚或竹杆、木杆等敷设在海中鱼、虾类的洄游通道上，依靠水流的作用，迫使捕捞对象进入网中，从而达到捕捞的目的。张网类渔具为定置过滤性渔具，敷设地必须有一定的水流速度，迫使鱼虾类进入网内。作业位置比较固定，渔期较长，可兼作或轮作其他渔具。沿岸渔场主要有小型锚张网和桩张网等，渔具规格较小，从业渔船功率也较小，所需的劳力较少，距岸近，对于船的性能一般要求较低，作业技术简单，投资小，经营管理方便；近海和外海渔场主要有大型张网及流动性张网（锚张网），从业渔船功率都较大，可以全年生产。

二、作业型式、种类

按照渔具结构划分为张纲、框架、竖杆、单片、有翼单囊、桁杆 6 个型。按作业方式分为单锚、双锚、多锚、单桩、双桩、多桩、樯张、船张 8 个式，共 6 型 8 式。由于张网型式繁杂、数量较多，在东海区的分布广，其俗名或地方名多达 70 余种。

三、渔获组成

定置张网渔场大多在沿岸、港湾、岛屿附近，水深 50m 内水域，底质以泥沙为主，潮流有往复流和回转流两种。福建海区各地的张网作业由于使用的网具、作业的海域和生产季节

不同,渔获物组成也存在一定的差异。据福建省20世纪90年代初进行的全省张网渔业调查,张网渔获物中已鉴定的鱼类有281种,头足类13种,甲壳类72种。

闽南近海:据张壮丽(2005)的研究显示,2003—2004年闽南近海渔获物种类有156种,其中鱼类有107种,甲壳类40种,头足类有9种。渔获重量比例以带鱼居首位,占15.4%,其次为康氏小公鱼,占9.3%,中型经济虾类合占7.9%,居第三位,其他大于1%的种类依次为尖尾鳗、龙头鱼、二长棘鲷、蓝圆鲹、蟹类、静鳐、竹筴鱼、虾蛄类、棱鳀类、石首鱼类和黄鲫,这14个类群的渔获重量占总渔获重量的79.5%。

闽东近海:据张壮丽(2005)的研究显示,闽东海区张网作业的渔获种类有220种,其中鱼类最多,有168种,占76.4%,甲壳类42种,占9.1%,头足类10种,占3%。张网作业渔获物根据经济价值高低、数量大小可分为5类:其中小型大宗鱼类占56.2%,居渔获量首位;其次是主要经济种类幼鱼,占17.2%;其他类、小型大宗虾类、中型经济虾类分居第三、第四和第五位。到2009—2010年,闽东近海张网渔获物组成结构又发生了一些变化:小型大宗鱼类仍居第一位,但比例增至68.7%,其次是中型经济虾类,占12.3%,经济幼鱼幼体已退居第三位,占8.0%,小型大宗虾类和其他类均占5.5%。

四、渔场、渔期

闽东海区:从1998—2002年张网监测船各月的渔获物组成分析结果看,1～4月,因中国毛虾发海,其渔获量约占总渔获量的40.7%,居首位;5～8月带鱼、蓝圆鲹、鲳鱼类等经济种类幼鱼和中型经济虾类幼虾数量较多,其中6～7月带鱼幼鱼渔获量占各月总渔获量的30%～50%,7～8月中型经济虾类占20%～30%;9～12月基本上以小型大宗鱼虾类为多,其渔获量占各月总渔获量的50%～70%。

闽南海区:根据近年来的监测资料显示,闽南海区定置张网作业,1～4月以捕口虾蛄、龙头鱼、双斑蟳、中国毛虾等为主;开捕后,7～9月主捕带鱼、石首鱼类,其中带鱼比例高达50%～70%;10～12月,主捕龙头鱼、带鱼、小公鱼、棱鳀类、鳗鱼类、虾蛄类及中型经济虾类等多种类群。

五、数量分布

根据本次调查结果,福建省的张网类渔具有72830张,沿海地区有72630张,占张网类渔具总数量的99.73%,内陆地区仅200张,占0.27%。张网类渔具数量以双锚有翼单囊张网、单锚框架张网和单桩框架张网三种作业型式为主,分别占张网类渔具总数量的20.70%、20.60%和11.70%(表3-4-1、图3-4-1)。

表3-4-1 福建省张网类不同作业型式渔具的数量分布

作业型式	单桩框架张网	双桩有翼单囊张网	单锚框架张网	单锚桁杆张网	双锚有翼单囊张网	双锚张纲张网	三锚有翼单囊张网	其他张网
渔具数量(张)	8520	141	15000	7000	15077	25	875	26192
%	11.70	0.19	20.60	9.61	20.70	0.03	1.20	35.96

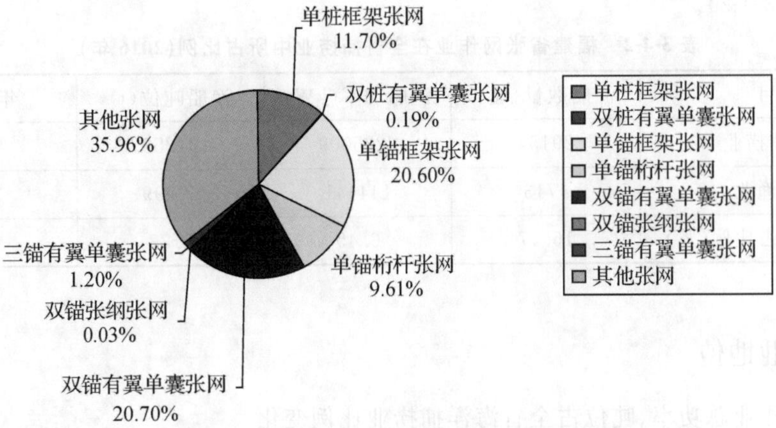

图 3-4-1 福建省张网类不同作业型式渔具的数量组成

第二节 历史沿革及渔业地位

一、历史沿革

据载，石狮市祥芝乡早在七、八百年前的南宋时期就有脚缯作业（属双桩有囊单翼张网）；平潭县东庠门企桁作业（属墙张纲张网）在明万历年间已很盛行。霞浦、连江、长乐、龙海和漳浦等县沿海在一、二百年前就从事张网作业生产。发展较晚的厦门七星网（属双桩有囊单翼张网）也有近百年历史。

20 世纪 40 年代末期，张网渔具材料使用苎麻、黄麻和龙舌兰等植物纤维；作业渔船均为舢舨或木帆船，船小且设备简陋；可作业范围很窄，主要分布于沿海内湾和近岸浅水区。50 年代初至 60 年代末，渔具材料大多采用植物纤维，作业渔船绝大多数为木帆船，桁位分布局限于内湾和近岸浅水区。70 年代后，由于合成纤维在渔具材料的普遍推广使用和渔船动力化的推广应用，张网渔业有了较大的发展。80 年代初至 2003 年，张网渔业迅速发展，不但船、网数量迅速增长，而且由于渔船动力化发展迅猛，大大增强了捕捞能力，作业桁位不断向外拓展，产量大幅度上升。1992 年以后，随着海水网箱养殖业的迅速发展，对海捕小杂鱼需求量不断增长，促使鱼价攀升，导致张网渔业作业规模和捕捞强度继续盲目增长，作业桁位不断向深水海域拓展，渔船、网具大型化发展迅速。21 世纪以来，由于受到渔业资源衰退的影响，加上该渔具本身由于选择性差，对经济幼鱼幼体损害较大，政府出台了海洋捕捞结构的调整政策，实施张网渔船限制措施，张网渔船数量、功率、吨位、产量均逐年下降。

二、作业现状

据《福建省渔业统计年鉴》，2016 年福建省近海张网作业渔船数 4713 艘，占海洋捕捞渔船总数的 16.17%；渔船功率 14.44 万 kW，占海洋捕捞渔船总功率的 6.49%；渔船总吨位 58.0 万 t，占海洋捕捞渔船总吨位的 5.73%；年产量 34.72 万 t，占全省海洋捕捞总产量的

14.89%(表 3-4-2)。

表 3-4-2 福建省张网作业在全省捕捞业中所占比例(2016 年)

项目	渔船数量(艘)	渔船功率(kW)	渔船吨位(t)	年产量(t)
全省捕捞业	29154	2225009	1012537	2331021
张网渔业	4713	144441	57999	347153
张网渔业所占比例(%)	16.17	6.49	5.73	14.89

三、渔业地位

1. 张网作业总功率、吨位占全省海洋捕捞业比例变化

2007 年,福建省张网渔业占全省海洋捕捞业的比例:渔船总功率为 12.21%,渔船总吨位为 12.71%;2016 年渔船功率所占比例下降到 6.49%,渔船吨位下降到 5.73%;渔船的功率所占比例减少了 5.72%,渔船吨位所占比例下降了 6.98%(图 3-4-2)。

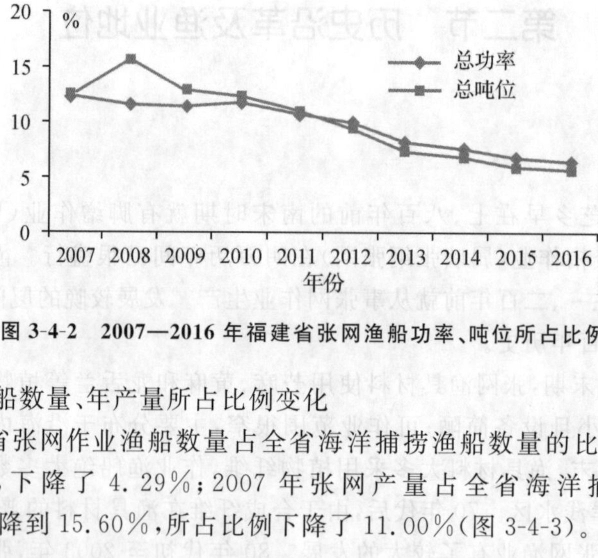

图 3-4-2 2007—2016 年福建省张网渔船功率、吨位所占比例

2. 张网作业渔船数量、年产量所占比例变化

2007 年,福建省张网作业渔船数量占全省海洋捕捞渔船数量的比例为 20.45%,2016 年下降到 16.16%,下降了 4.29%;2007 年张网产量占全省海洋捕捞产量的比例为 26.60%,2016 年下降到 15.60%,所占比例下降了 11.00%(图 3-4-3)。

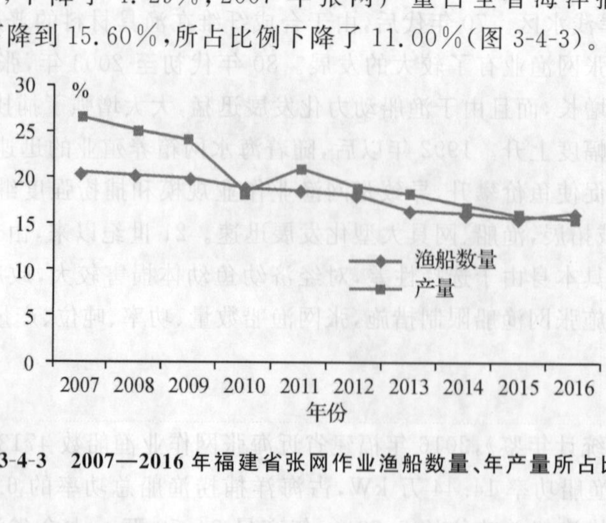

图 3-4-3 2007—2016 年福建省张网作业渔船数量、年产量所占比例

3. 渔业地位

张网是传统的渔具，因投资少、成本低、技术含量较低、回收快，历来是福建省的主要海洋捕捞作业之一。但是，近年来，由于受气候变化、环境污染、过渡捕捞等因素的影响，鱼类资源严重衰退，海洋捕捞业的发展陷入了困境。张网对经济幼鱼损害较大，应控制其发展，逐步减少作业规模。10 年来，张网的渔船数量、功率、吨位和年产量在全省海洋捕捞业中所占比例有较大下降，说明海洋捕捞结构的调整有一定成效。

第三节　发展前景及渔业管理

一、张网渔业的变化

1. 渔船数量、产量变化

2007 年，福建省有张网渔船数量 7298 艘，年产量为 47.22 万 t；2016 年，张网渔船数量有 4713 艘，年产量 34.72 万 t；10 年来，渔船数量减少了 2585 艘，减少幅度为 35.42%；年产量减少了 12.5 万 t，减少幅度为 26.47%(图 3-4-4)。显然，10 年来张网渔业，不管是渔船数量还是年产量，均有较大程度的减少。

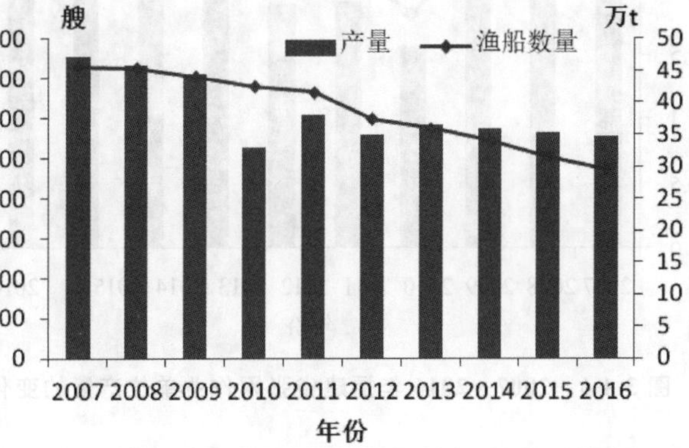

图 3-4-4　2007—2016 年福建省张网渔船数量和产量变化

2. 渔船总功率、吨位变化

2007 年，福建省有张网渔船总功率 21.68 万 kW，渔船总吨位 7.75 万 t；2016 年，渔船总功率 14.44 万 kW，总吨位 5.80 万 t；10 年来，渔船总功率减少了 7.24 万 kW，减少幅度为 33.39%；渔船总吨位减少了 1.95 万 t，减少幅度为 25.16%(图 3-4-5)。显然，10 年来张网渔业，不管是渔船功率还是渔船吨位，均有较大程度的减少。

3. 单位产量的变化

2007 年，福建省张网单船产量为 64.70 t/艘；单位功率产量为 2.18 t/kW；2016 年，张网单船产量增加到 73.66 t/艘，增加了 8.96 t/艘；单位功率产量增加到 2.40 t/kW，增加了 0.22 t/kW(图 3-4-6)。可见，10 年来，虽然张网作业的渔船数量、功率、吨位和年产量均有较大程度的减少，但是单船产量和单位功率产量 CPUE 均有所增加。

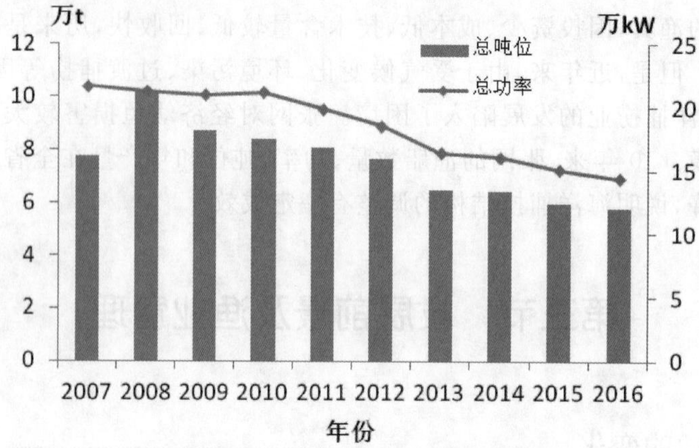

图 3-4-5　2007—2016 年福建省张网渔船总功率、吨位的变化

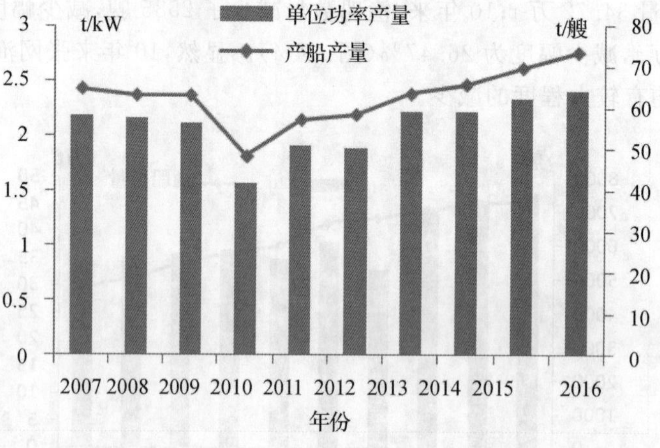

图 3-4-6　2007—2016 年福建省张网作业单位产量的变化

二、发展前景

从渔业经济效益和社会效益的角度而言，张网作业的生产技术较为简单，是一种操作方便、投资少、能耗小、产量相对稳定、风险小的渔业，它关系到数万渔民就业问题及数十万人口的生活问题。另一方面，张网作业是一种典型的被动式捕捞作业，对渔获物选择性差，网目又小，以捕捞随潮水而来的鱼虾类为主，特别是对其他网具难以捕捞的中国毛虾、麦氏犀鳕、七星鱼等近岸小型大宗鱼虾类的利用效果相当高，且产量较稳定，尤其是自 20 世纪 80 年代以来网箱养殖业的发展，对海捕小饵料鱼的需求量不断增长，促使张网渔获物鱼价升高，经济效益大大高于其他海洋捕捞作业，给渔民们带来了较高经济收入，从而导致张网作业盲目发展。近年来，张网作业的渔船数量、功率吨位和年产量及其占海洋捕捞比例均呈下降趋势，但因渔业经济效益的原因，促使作业船、网具大型化发展，促使单位年产量有所增加。为了有效控制捕捞强度的盲目增长，不但应削减作业船数，还应加强对挂网数量、网具

规格、作业时间、作业范围等的规范管理，减少张网对渔业资源和海洋生物多样性的损害，使张网渔业的经济效益、社会效益与生态效益同时兼顾，和谐发展。

三、管理意见

1. 存在问题

尽管从经济效益来看，张网作业渔船的投资回报率较高，尤其是较大功率的张网渔船，因为它适合从沿岸拓展到近海生产，深受渔民的关注。但是该作业对经济鱼类的幼鱼损害很大，从保护渔业资源的角度考虑，应该减少该作业船数和降低单船的功率，还应限制张网作业向外扩展。由于从事该作业的渔民较多，削减该作业时应考虑渔民转行转业出路的问题。

（1）捕捞强度仍过于强大，单位产量下降

据《福建海区渔业资源生态容量和海洋捕捞业管理研究》一书研究结论，福建省的海洋捕捞产量和捕捞努力量必须实行负增长，且认为 2000 年到 2012 年，全省的海洋捕捞产量应由 183.5 万 t 减至 132 万 t，渔船功率应由 134.5 万 kW 减至 106 万 kW，其中张网作业产量由 55.3 万 t 减至 36.3 万 t，渔船功率由 13.9 万 kW 减至 9.3 万 kW。由近三年来的渔业统计显示，全省张网作业产量为 34.7～36.5 万 t，基本吻合该研究结果，但渔船功率为 15.1～16.4 万 kW，高出该研究结果的 60%～70%，可见张网作业捕捞努力量的投入仍过于强大。

（2）损害经济海洋生物幼鱼幼体较大

沿岸近海的定置张网作业在利用小型大宗鱼虾蟹类的同时，由于其选择性较差的缘故，也会捕到不少数量的经济鱼虾蟹类的幼鱼幼体，对近海鱼类资源损害较严重。

2. 管理建议

（1）调整定置张网作业船数，减少捕捞努力量的投入

直至 2015 年，福建全省张网作业船数为 5048 艘，虽然近十多年来渔船数量以年均递减率 4.80% 的速度一直在减小，但其占全省海洋捕捞作业渔船总数的比例仍为 16.72%，仅次于流刺网；全省张网作业渔船总功率为 151012 kW，占全省海洋捕捞作业渔船总功率的 6.8%。不少小型定置张网作业渔船，因功率小、可作业范围狭窄，长期集聚于内弯、沿岸水域作业生产，使得沿岸近海渔业资源不堪重负，导致捕捞效益不断下降，且因其选择性较差，在合理利用小型大宗鱼虾蟹类时，也损害大量经济幼鱼幼体，因此，有必要进一步调整定置张网作业船数，减少捕捞努力量的投入。

（2）加强渔政管理，杜绝违规生产行为

渔政管理部门应进一步提高渔政管理水平，渔业执法部门应进一步加强渔业执法力度。对于禁渔期内违规作业的张网作业渔船，及时查处；对于“三无”渔船，及时劝诫，适当惩处；对于渔业法规明令禁止的渔具渔法，加以没收销毁；利用宣传栏、多媒体、网联网的多种媒介，向沿海渔民进行相关渔业法规的宣传。

（3）延长定置张网作业的休渔期

2017 年，我省开始执行农业部新的伏季休渔制度，其中张网作业的伏季休渔时间由原先的 5 月 1 日到 7 月 16 日，改为 5 月 1 日至 8 月 1 日，休渔时间延长了半个月。张网作业全年都可捕获到经济种类的幼鱼幼体，尤其是 5～8 月，带鱼、蓝圆鲹、短尾大眼鲷、二长棘鲷等幼鱼幼体数量较多，在渔获中的重量比例达 40%～60%，且个体很小，平均体重为 5～10

g,因此适当延长张网休渔时间,即将休渔时间5月1日至7月16日,向后延至8月1日,有利于进一步减少经济幼鱼幼体的受损情况,从而更好地保护与利用经济鱼类资源。

(4)加强渔业资源动态监测

长期的渔业资源监测,不仅可以了解沿海渔民张网作业的经济效益和生存状况,而且可以了解沿岸近海渔业资源利用的结构组成、变动等情况,同时也能够摸清主要经济鱼类的繁殖生物学,弄清其主要渔汛渔期及群体结构组成等。因此,有必要继续加强渔业资源动态监测,了解渔业资源的变动情况,更好地为渔业行政主管部门制定合理的保护和利用近海渔业资源提供一定的科学依据。

第四节 单桩框架张网

单桩张网是使用单桩固定网具的作业方式,按照网具结构分有框架、桁杆二型。我省俗称冬猛、轻网、虾荡网等。单桩框架张网结构简单、成本低,在沿海各地广为使用,作业渔场一般分布在沿岸水深30m的回转流海域。

一、渔具结构及作业特点

框架张网的网口框架一般采用毛竹、木杆或其他新型材料制成。框架的尺寸根据网口大小确定,形状以矩形和正方形为主。框架由上下梁和竖杆构成,一般用缩水率低、耐腐蚀的材料结扎。网具呈锥形,采用圆筒形手工编织。网具规格受框架约束,网口周长大多为10～30 m,网具规模较小,但单船携带网具数量较多,并同时投网生产。沿海单桩张网渔具主尺度网口周长为60～120 m,身网长度为20～40 m,大部分的网口周长为60～80 m,身网长度为30～40 m,最小网目尺寸为10～47 mm;单船携带数量为10～30张。福鼎市称之为轻网的单桩框架张网是福建沿海传统的小型作业渔具之一,分布较广,渔具数量最多。该网网口结扎在正方形的毛竹框架上,网具用1根木桩固定,作业时网具可随潮流转动,在潮流作用下迫使鱼群入网。该渔具为单船作业,每船每次作业管理网具30顶左右。福鼎市轻网的渔具主尺度为20.8 m×15.77 m,网口网目尺寸为53 mm,囊网网目尺寸为4 mm;作业渔船主机功率为58.8 kW。图3-4-7为单桩张网(轻网)网具结构图。

二、主要捕捞对象

主捕对象有七星鱼、带鱼、哈氏仿对虾、毛虾、日本鳗鲡苗、马鲛、鲳鱼、龙头鱼、黄鲫、虾蛄等,主要在闽东渔场作业,可全年作业。捕获的幼鱼比例较高,依作业海域、季节的不同有所变化,通常春夏季节高达30%～40%,秋冬季节10%～20%,沿岸近海比外海的幼鱼比例高。

三、渔法特点

渔船到达渔场后,先顶流抛锚,把桩斗投入海中平放水面,从框架四角或两侧结上叉纲,叉纲与根绳之间用转轴连接。根绳直接结于桩上,并打入海底,起网时,捞取引扬纲,将网囊绞起,取出渔获物。用单桩固定网具,可以灵活改变捕捞地点;可在水深较大的渔场作业,其

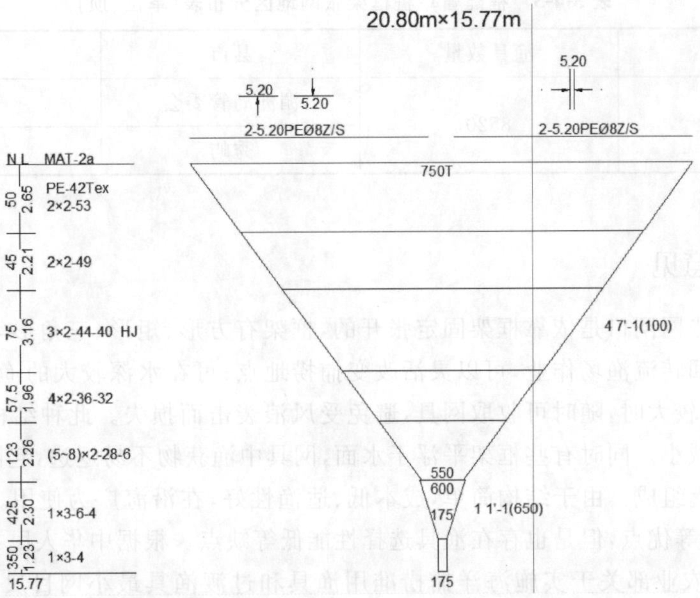

图 3-4-7　福鼎市单桩框架张网(轻网)渔具结构图

作业范围大;遇风浪较大时,随时可收取网具,避免受风浪袭击而损失。图 3-4-8 为单架框张网作业示意图。

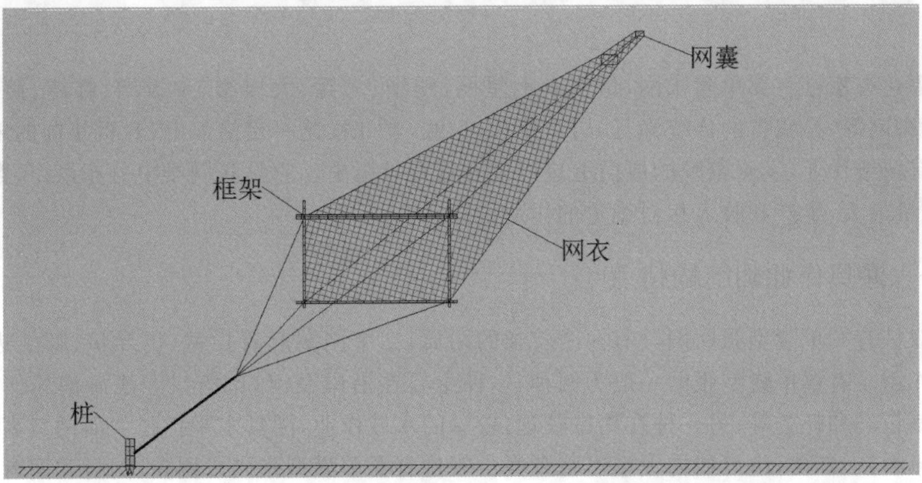

图 3-4-8　单桩框架张网作业示意图

四、地区分布

目前我省只有莆田市有单桩框架张网,共有 8520 顶,主要分布在秀屿区,有 7344 顶,占 86.07%(表 3-4-3)。

表 3-4-3 福建省单桩框架张网地区分布表(单位:顶)

地市	渔具数量	县市	渔具数量
莆田	8520	湄洲岛管委会	1176
		秀屿	7344

五、管理意见

单桩框架张网网口是依靠框架固定张开的,框架有方形、矩形、三角形等形式。单桩框架张网适用于回转流渔场作业,可以灵活改变捕捞地点;可在水深较大的渔场作业,其作业范围大;遇风浪较大时,随时可收取网具,避免受风浪袭击而损失。此种结构的网口高度不随流速增加而减小。同时有些框架平浮于水面,网具中渔获物不易返逃,起网操作方便。网具由网身和网囊组成。由于结构简单,成本低、适渔性好,在沿海广为使用。单桩张网具有效益好、能耗低等优点,但是也存在渔具选择性能低等缺点。根据中华人民共和国农业部通告【2013】1 号《农业部关于实施海洋捕捞准用渔具和过渡渔具最小网目尺寸制度的通告》(附件 2),单桩框架张网过渡期准用,最小网目尺寸为 35 mm。在过渡期内,应严格执行最小网目尺寸控制。

第五节　双桩有翼单囊张网

福建省双桩有翼单囊张网,俗名有七星网、腿缯、大猛、大扳缯、中扳缯、蚱缯、筒猛、竹桁、鲎脚网等,是我省的传统渔具,历史悠久,据载,晋江祥芝一带沿海七、八百年前的宋代时期就有腿缯作业,发张较晚的厦门七星网也有近百年历史。它是张网类中分布最广、数量最多,产量最大,生产和收入相对稳定的作业方式。

一、渔具作业和结构特点

双桩有翼单囊型张网网具有两个较长的网翼,二个网翼起着拦截、诱导鱼、虾类进入网内的作用。有翼单囊型张网一般为两种,一种主要在沿岸及河口、湾口等浅海渔场作业,捕捞小型鱼类和虾类等;另一种在离岸较远、较深的水域作业,网具水平扩张大而网口高,既可捕捞小型鱼、虾类,也可捕捞大型经济鱼类。双桩有翼单囊型张网以网翼、网身和网囊组成,并配备相应的浮沉力控制网口的垂直扩张。各地的网具规格差异较大,网具的网口周长为 60～90 m,网身长度为 20～35 m,网囊网目尺寸为 10～47 mm;作业水深一般为 10～40 m。图 3-4-9 为双桩有翼单囊型张网网具结构图。

二、主要捕捞对象

渔汛期随捕捞对象与渔场变化而变化,捕捞对象有毛虾、乌贼、虾蛄和日本鳀、绒纹线鳞鲀、康氏小公鱼、带鱼、鲳鱼、龙头鱼、竹荚鱼、黄鲫等经济鱼类。渔期 7 月至翌年 4 月,以 7～9 月、12 月为盛渔期。

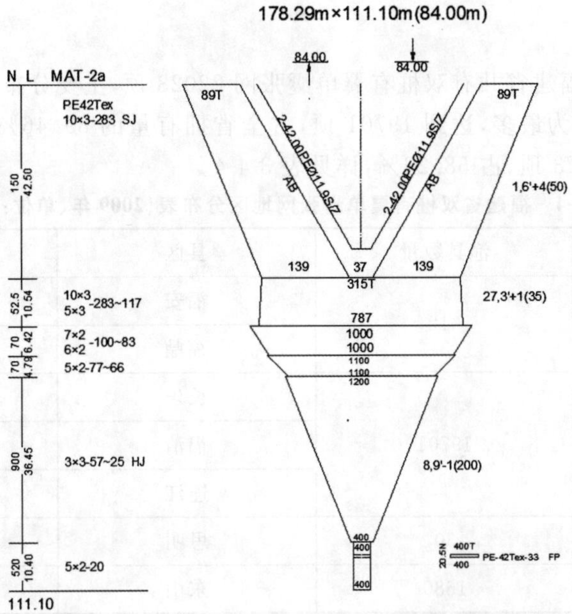

图 3-4-9　双桩有翼单囊型张网网具结构图

三、渔法特点

作业方法分为打桩、挂网、起网、换网 4 个步骤。打桩：渔船达到桩场时，打桩船根据方位、流向选好桩位，然后缓慢将桩头网水下放至海底后，即开始打桩；挂网：每艘渔船带网 20～30 顶，放置于船舷，挂网前先钩起浮标，然后连接根绳与两翼叉纲，接附浮筒、沉石、扎好囊尾，最后把网具投入海中；起网：渔船在平潮前达到渔场，待平潮浮筒露出水面时开始起网，先钩起中央浮筒绳，顺序沿网口向网囊方向拉网，至囊尾时，用绞机起吊网囊；换网：换网在起网时进行，解下需更换下来的网具，运回陆上洗净、去污、修补。图 3-4-10 为双桩有翼单囊张网作业示意图。

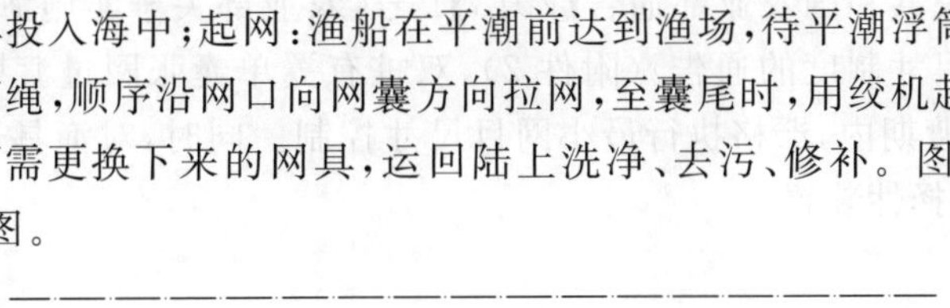

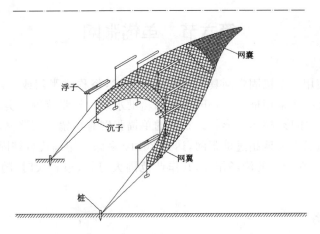

图 3-4-10　双桩有翼单囊张网作业示意图

四、地区分布

据2009年调查，福建省共有双桩有翼单囊张网22023顶，主要分布在宁德、福州、厦门、漳州4个地市，以福州为最多，达到19701顶，占全省拥有量的89.46%，在县区的分布中，以福清县最多，有12823顶，占58.23%，详见表3-4-4。

表3-4-4 福建省双桩有翼单囊张网地区分布表(2009年、单位:顶)

地市	渔具数量	县区	渔具数量
宁德	612	福安	447
		福鼎	165
福州	19701	长乐	1040
		福清	12823
		连江	5838
厦门	30	思明	30
漳州	1680	东山	1680

五、管理建议

1. 双桩张网具有效益好、能耗低等优点，历来是沿海渔民维持基本生活来源的重要生产方式之一。部分渔获物是其他渔具难以捕捞的小型、大宗的小杂鱼及虾类。

2. 由于网具自身选择性较差，且网囊网目尺寸较小，渔获物中有15%～25%，多时达30%以上的经济鱼类幼体，对渔业资源繁殖危害极大。

3. 根据中华人民共和国农业部通告【2013】1号《农业部关于实施海洋捕捞准用渔具和过渡渔具最小网目尺寸制度的通告》(附件2)，双桩有翼单囊张网过渡期准用，最小网目尺寸为35 mm。在过渡期内，严格执行最小网目尺寸控制。同时，对渔具进行改进，提高网具选择性，择时安装选择性装置。

第六节 单锚张网

单锚张网是使用一个锚固定网具的张网作业方式，俗称锚张网或鳗苗张网。单锚张网的网口水平与垂直扩张采用框架、桁杆、张纲和藉助水动力扩张装置来实现。在作业中网口迎流张开呈正方形、矩形、梯形等形状。我省的单锚张网有单锚框架张网和单锚桁杆张网2个型。其使用数量已大大地超过桩张网，达到26110多张。用锚代替桩固定网具，可以更灵活改变捕捞地点；可在较深的渔场作业，其作业范围大；遇风浪较大时，随时可收取网具，避免受风浪袭击而损失。

一、渔具规格

单锚框架张网和单锚桁杆张网的渔具主尺度相近，渔具的网口周长在60～80 m之间，身网长度在 30～40 m 之间；囊网网目最小网目尺寸在 10～47 mm 之间；渔船携带网具数量依季节、网具规格和渔船功率的不同而不同，通常所携带网具数量为 10 张左右，最多达 40 张；单锚张网在全省近岸沿海渔场均可生产，渔期全年均可生产；单锚张网是一种适应性较广的渔具，而且作业渔场广阔，捕捞品种多，并可以兼轮作多种作业。图 3-4-11 为单锚框架张网渔具结构图。

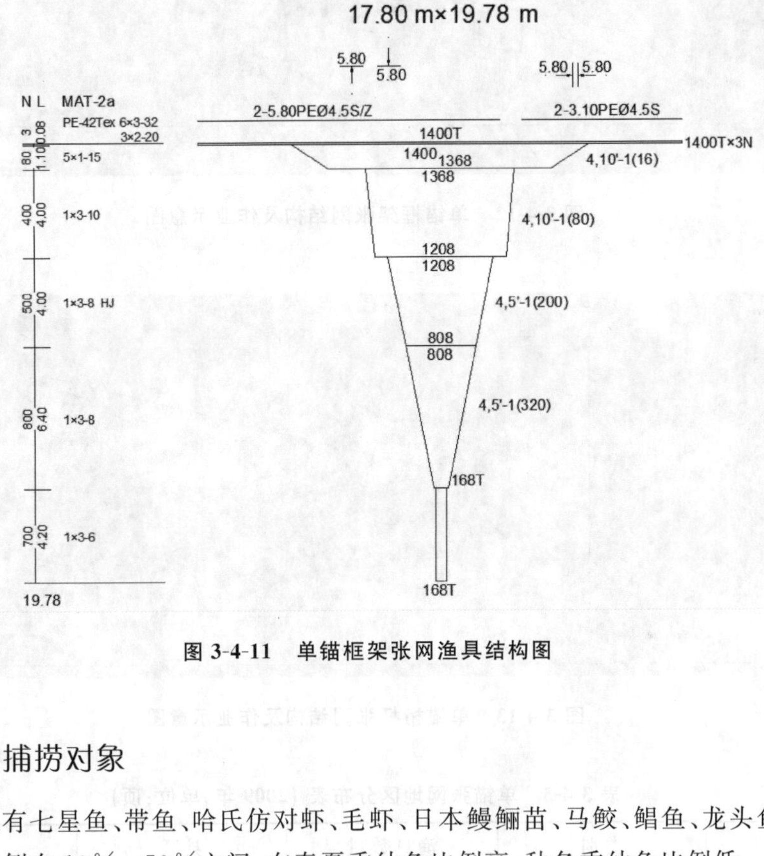

图 3-4-11 单锚框架张网渔具结构图

二、主要捕捞对象

主捕对象有七星鱼、带鱼、哈氏仿对虾、毛虾、日本鳗鲡苗、马鲛、鲳鱼、龙头鱼、黄鲫、虾蛄等。幼鱼比例在 10%～50%之间，在春夏季幼鱼比例高，秋冬季幼鱼比例低。

三、渔法特点

它适用于回转流渔场作业，网具呈圆锥形，网口装上竹竿或木制成的框架。从框架四角或两侧结上叉纲，叉纲与根绳之间用转轴连接。根绳直接结于锚上，并抛入海底。用单锚固定网具，可以灵活改变捕捞地点；可在水深较大的渔场作业，其作业范围大；遇风浪较大时，随时可收取网具，避免受风浪袭击而损失。图 3-4-12 为单锚框架张网结构及作业示意图，图 3-4-13 为单锚桁杆张网结构及作业示意图。

四、地区分布

据 2009 年调查，福建省共有单锚张网 26110 顶，单锚框架张网较多，有 19110 顶，占 73.19%。单锚张网主要分布在宁德、福州 2 个地市，以宁德为最多，达到 22000 顶，占 84.26%，主要分布在霞浦县，详见表 3-4-5。

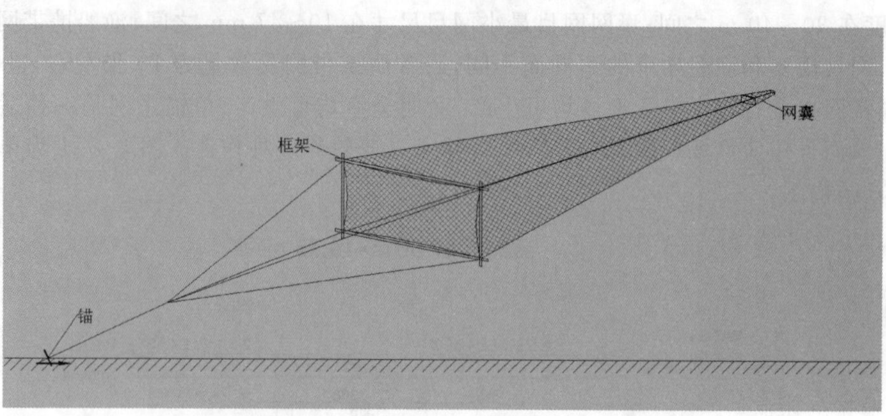

图 3-4-12　单锚框架张网结构及作业示意图

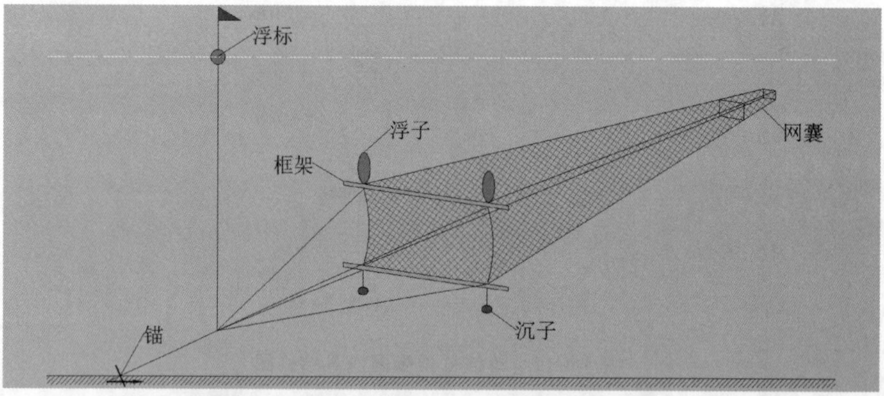

图 3-4-13　单锚桁杆张网结构及作业示意图

表 3-4-5　单锚张网地区分布表（2009 年，单位：顶）

地市	类别	渔具数量	县区	渔具数量
宁德	单锚框架张网	15000	霞浦	15000
	单锚桁杆张网	7000	霞浦	7000
福州	单锚框架张网	4110	平潭	4110

五、管理建议

1. 单锚张网具有操作简便，所需劳力少，距岸近，对于渔船要求较低，投资小，能耗低，经营管理方便，效益好，是沿岸渔民生活的主要来源。

2. 该作业对鱼获选择性差，网目尺寸较小，渔获物幼鱼比例过高，尤其是春夏季节，经济幼鱼的损害较严重等缺点。应通过网具的选择性研究，择时要求安装选择性装置。

3. 根据中华人民共和国农业部通告【2013】1 号《农业部关于实施海洋捕捞准用渔具和过渡渔具最小网目尺寸制度的通告》（附件 2），单锚框架张网、单锚桁杆张网过渡期准用，最小网目尺寸为 35 mm。在过渡期内，严格执行最小网目尺寸控制。

第七节　双锚有翼单囊张网

双锚有翼单囊张网是双锚张网的一种作业型式，依靠双锚间距以及网翼和浮子、沉子维持网口水平和垂直扩张，其俗名或地方名有腿缯、板缯、大猛、蚱缯、筒猛、竹桁、鲎脚网等。

一、渔具作业和结构特点

双锚张网作业适用于往复流渔场，也可在回转流渔场作业，当流向改变时，需移动其中一个锚的位置，使网口保持顶流状态。目前张网作业渔场从沿岸型扩大到离岸基 30～40 km的近海，作业水深 50 m 以上。双锚有翼单囊张网的网具由网衣、网身和网囊组成，形似小型拖网。作业时两翼由叉纲分别固结于 2 个锚上。身网随往复流翻转，使网口保持迎流张开，截捕随流而来的鱼、虾、蟹类。依靠浮筒、沉石等维持网口的垂直扩张，通过双锚固定网具并维持网口的水平扩张。通常比单锚张网渔具规格大，网口周长在 120～200 m 之间，网身长度为 30～102 m，网囊网目尺寸为 10～47 mm，单船携带网具 10～30 顶。图 3-4-14 为双锚有翼单囊张网渔具结构及作业示意图。

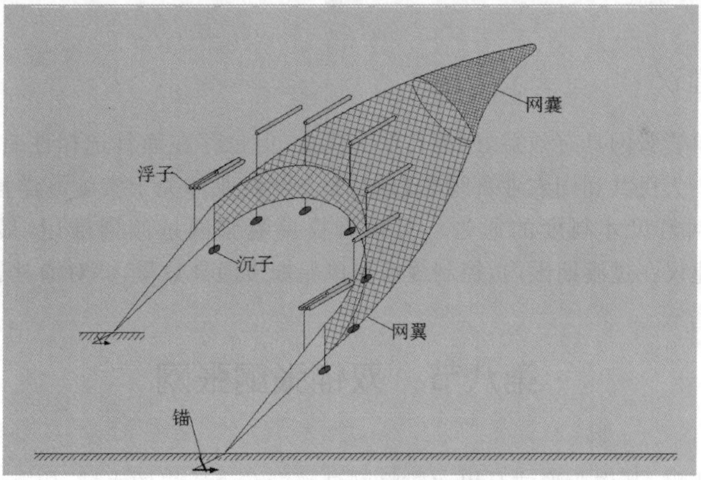

图 3-4-14　双锚有翼单囊张网渔具结构及作业示意图

二、主要捕捞对象

双锚有翼单囊张网一般为两种，一种主要在沿岸及河口、湾口等浅海渔场作业，捕捞小型鱼类和虾类等；另一种在离岸较远、较深的水域作业，网具水平扩张大而网口高，既可捕捞小型鱼、虾类，也可捕捞大型经济鱼类。主要捕捞鲳鱼、乌贼、带鱼、龙头鱼、黄鲫、海鳗、鳀鱼等。

三、渔法特点

该种网具适用于往复流渔场作业，网具用双锚固定，在左右叉纲上装有竹竿、浮桶等特殊浮物装置，使网具处于所需的水层。同时当流向改变时，又有自动调整网口方向的作用。依靠浮筒、沉石等维持网口张开，网具呈圆锥形。作业时，先投下双锚，待流转急时，将网具挂接于锚纲上，投下网具。起网时，收绞带网纲，进而收绞网囊引扬纲，利用吊杆将网囊吊入甲板，倒取渔获物。

四、地区分布

我省双锚有翼单囊张网共有 15077 顶，主要分布在宁德市的福鼎市和霞浦县，分别占 57.82%和 41.78%，厦门市的翔安区仅有少量的分布（表 3-4-6）。

表 3-4-6 福建省双锚有翼单囊型张网地区分布表(2009 年、单位:顶)

地市	渔具数量	县市	渔具数量
宁德	15017	福鼎	8717
		霞浦	6300
厦门	60	翔安	60

五、管理建议

双锚有翼单囊张网具有效益好、能耗低等优点，但也存在渔具选择性差，幼鱼比例高等缺点。根据中华人民共和国农业部通告【2013】1 号《农业部关于实施海洋捕捞准用渔具和过渡渔具最小网目尺寸制度的通告》，多锚有翼单囊张网过渡期准用，最小网目尺寸为 35 mm。管理建议在过渡期限内，控制规模与单船携带渔具数量，并对渔具进行改进。

第八节 双锚张纲张网

双锚张纲张网，其作业形式是以双锚将网具敷设在流速快的水域，依靠双锚间距以及张纲（网翼）和浮子、沉子维持网口水平和垂直扩张，借助于潮流作用使鱼群入网。其俗名或地方名有腿缯、板缯、大猛、蚱缯、筒猛、竹桁、鲎脚网等。

一、渔具作业和结构特点

张纲张网的网具由网身和网囊组成，利用装在上、下网口纲和锚纲上的浮筒、浮竹、沉石等支持网口的垂直扩张，利用网口两侧的帆布装置推动水动力和锚来支持网具的水平扩张。双锚张纲张网一般网具较大，渔具主尺度在（50～110）m×（50～80）m 之间，网口部分网目尺寸在 100～150 mm 之间，网囊网目尺寸为 20 mm 左右。图 3-4-15 为双锚张纲张网渔具结构图。

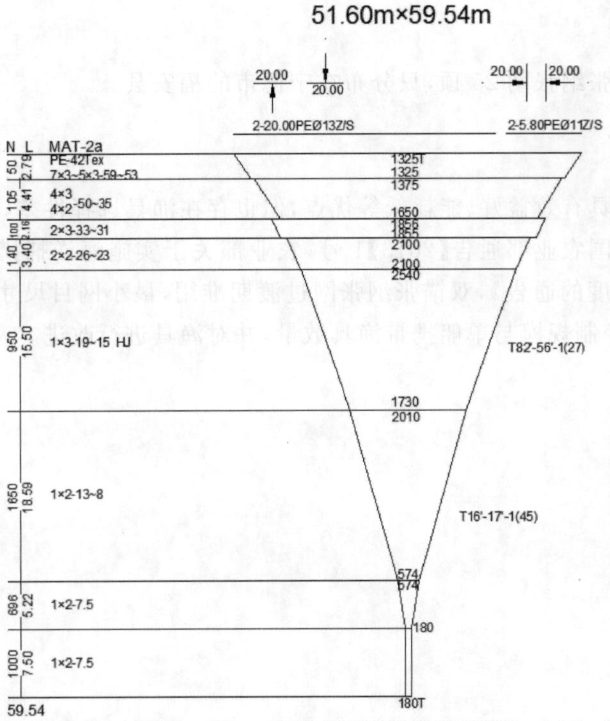

图 3-4-15　双锚张纲张网渔具结构图

二、主要捕捞对象

主要捕捞鲳鱼、乌贼、带鱼、龙头鱼、黄鲫、海鳗、鳀鱼等，渔汛期 3～12 月，以 4～5 月为旺汛期。

三、渔法特点

作业时，先投下双锚，待流转急时，将网具挂接于锚纲上，投下网具。起网时，收绞带网纲，进而收绞网囊引扬纲，利用吊杆将网囊吊入甲板，倒取渔获物。图 3-4-16 为双锚张纲张网结构及作业示意图。

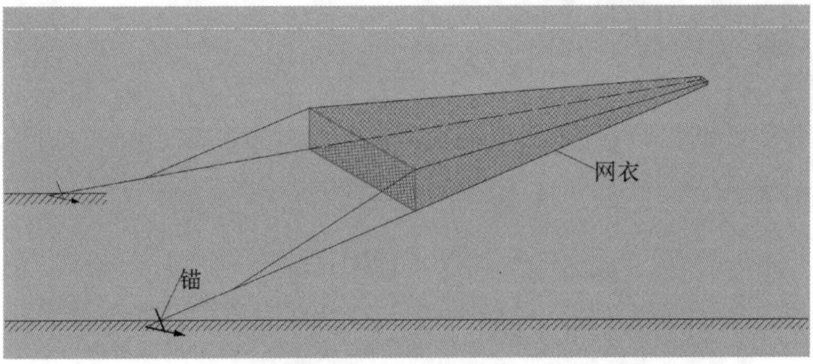

图 3-4-16　双锚张纲张网结构及作业示意图

四、地区分布

我省只有双锚张纲张网 25 顶，只分布在宁德市的福安县。

五、管理建议

双锚张纲张网具有效益好、能耗低等优点，但也存在渔具选择性差，幼鱼比例高等缺点。根据中华人民共和国农业部通告【2013】1 号《农业部关于实施海洋捕捞准用渔具和过渡渔具最小网目尺寸制度的通告》，双锚张纲张网过渡期准用，最小网目尺寸为 35 mm。管理建议在过渡期限内，控制规模与单船携带渔具数量，并对渔具进行改进。

第五章 钓具类

钓具类是用钓钩或网片包扎饵料来引诱捕捞对象捕食的渔具。按结构形式来划分，本省的钓具主要有：真饵单钩钓具、真饵复钩钓具、拟饵单钩钓具、拟饵复钩钓具及无钩钓具等；而按作业方式来划分则有：漂流延绳钓、定置延绳钓、垂钓及曳绳钓，如果按捕捞对象来划分：则以某种鱼类为主，兼捕其他。

第一节 作业基本原理作业现状

一、作业基本原理及特点

在钓线上系结钓钩，并装上诱惑性的饵料（真饵或拟饵），利用鱼类、甲壳类、头足类等动物的食性，诱使其吞食而达到捕获目的的渔具称为钓具。也有少数的钓具不装钓钩，仅以食饵诱集而钓获。钓渔具具有十分明显的优点，可适应不同底质的渔场，不受客观地形条件的限制，可捕捞不同水层的鱼类，渔具具有极强的选择性，渔获质量高。相较于其他渔具，其缺点是捕捞效率较低。

二、作业方式与作业种类

根据 2009 年调查：全省钓具类渔具共有 57415 篮。其中海洋捕捞钓具类渔具有 17201 篮，占总钓具类渔具的 30%；内陆捕捞钓具类渔具有 40214 篮，占总钓具类渔具的 70%。

从结构型式看，目前在海洋捕捞钓具类渔具中有真饵单钩钓具、拟饵复钩钓具及其他钓具类 3 种结构型式。其中：真饵单钩钓具 6535 篮，占海洋捕捞钓具类渔具的 38%；拟饵复钩钓具 6587 篮，占 38.3%；其他钓具类 4079 篮，占 23.7%；内陆捕捞钓具类渔具中也同样有真饵单钩钓具、真饵复钩钓具及其他钓具类 3 种结构型式。其中：真饵单钩钓具 37478 篮，占海洋捕捞钓具类渔具的 93.2%；真饵复钩钓具 2500 篮，占 6.2%；其他钓具类 236 篮，占 0.6%。

从作业方式看，海洋捕捞钓具类渔具的作业方式主要有定置延绳钓、漂流延绳钓及垂钓

3 种作业方式。其中:定置延绳钓 5375 篮,占海洋捕捞钓具类渔具的 31.2%;漂流延绳钓 1160 篮,占 6.7%;垂钓 6587 篮,占 38.3%;内陆捕捞钓具类渔具的作业方式主要是定置延绳钓、垂钓 2 种作业方式。其中:定置延绳钓 34528 篮,占内陆捕捞钓具类渔具的 85.9%;垂钓 5450 篮,占 13.6%。表 3-5-1 和图 3-5-1 为福建省钓具类不同作业型式渔具的数量组成。

表 3-5-1 福建省钓具类不同作业型式渔具的数量组成(2009 年)

作业型式	定置延绳真饵单钩钓具	定置延绳钓具	漂流延绳钓具	垂钓拟饵复钩钓具	垂钓真饵单钩钓具	其他钓具	合计
渔具数量(篮)	5375	34385	1124	9087	2950	4494	57415
%	9.36	59.89	1.96	15.83	5.14	7.83	100.0

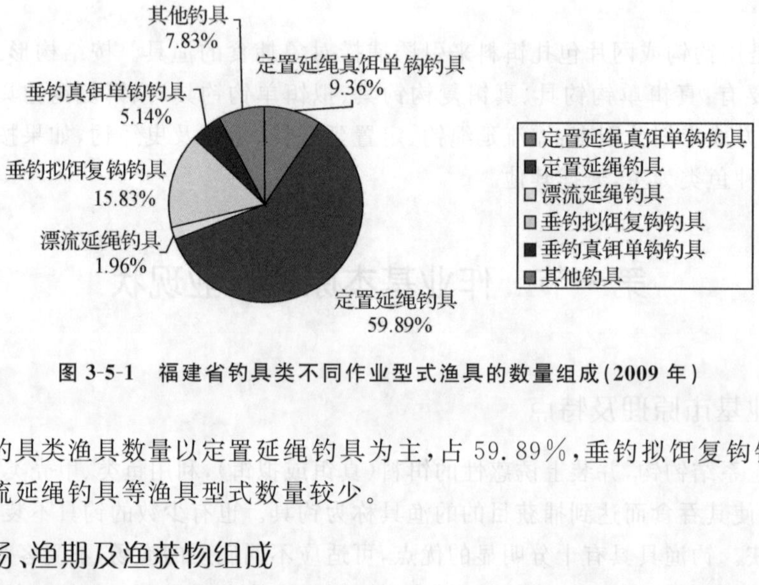

图 3-5-1 福建省钓具类不同作业型式渔具的数量组成(2009 年)

福建省钓具类渔具数量以定置延绳钓具为主,占 59.89%,垂钓拟饵复钩钓具次之,占 15.83%,漂流延绳钓具等渔具型式数量较少。

三、渔场、渔期及渔获物组成

福建省钓具以带鱼、鳗鱼、鲷鱼、鲨鱼、石斑鱼、马鲛鱼等延绳钓和垂钓等为主。渔场北起闽东、南至闽中。其中,带鱼延绳钓主要作业渔场南自东碇,向北扩展至乌丘、牛山、白犬、东引、台山附近水深 40～80 m 水域,全年均可作业,其间以 11 月至翌年 2 月为盛期。鳗鱼延绳钓渔场南自东碇、北到台山一带,水深 25～60 m,汛期在 3～11 月;闽东渔场较早,为 3～9 月,其中 3～4 月、7～8 月为旺汛期;闽中、闽南渔场较迟,旺汛期在 8～11 月。鲨鱼延绳钓渔场主要在澎湖列岛及乌丘岛一带,水深 35～70 m 水域,渔期从农历的 10 月至翌年 5 月(立冬至立夏),旺汛期在 12 月至翌年 2 月。鲷科鱼和石斑鱼延绳钓作业渔场主要为闽南沿岸岛屿附近及闽中的乌丘等水深 20～60 m 海区,渔期在每年 10 月至翌年 4 月,一般年作业天数 100 天左右。鱿鱼手钓渔场主要在台湾海峡南端的兄弟岛渔场、台湾堆渔场、鸡心粗渔场及粤东南澎湖列岛渔场,水深 15～50 m,渔期从 4 月至 10 月,其中以 8～9 月为旺汛,主捕中国枪乌贼,其次为长枪乌贼。

第二节　历史沿革与渔业地位

一、历史沿革

春秋战国时代的《诗经》《吕氏春秋》中都散见有钓具和钓鱼的片段记载。明清以来，中国东南沿海诸省已普遍采用延绳钓作业，在海洋渔业中占有一定地位。福建省的钓渔业历史悠久，钓具种类繁多，历史上以惠安、晋江2县的母子式带鱼延绳钓和鱿鱼手钓最为著名，产量也最高，而分布最广的是石斑鱼手钓，以平潭县历史最悠久，产量也最高。五六十年代，数量保持在10～12万篮，直至20世纪70年代，由于当时行业渔业片面发展高产渔具，钓具作业渔场被压缩，一些传统的钓捕对象因被那些高产渔具过渡捕捞而减少，致使钓渔业陷于衰落，1976年降至最低点，为4.38万篮，年产量1.3万t，占全省当年的海洋捕捞产量的3.9%；以后，近年来由于渔业结构调整，生产体制改革和实行开放政策，高档优质水产品需求增加，钓业又逐年恢复发展，至1982年，全省有钓具6.43万篮，年产量2.4万t，占当年全省海洋捕捞产量的6.5%；1984年发展到7.8万篮，年产量2.66万t，占5.8%；2009年，全省钓具类渔具共有5.7万篮，年产量3.99万t，占2.02%；2016年，全省有钓具渔业产量6.59万t，占2.82%。

二、作业现状

据《福建省渔业统计年鉴》，2016年福建省近海钓具作业渔船数1518艘，占海洋捕捞渔船总数的5.21%；渔船功率8.53万kW，占海洋捕捞渔船总功率的3.84%；渔船总吨位4.38万t，占海洋捕捞渔船总吨位的4.33%；年产量6.59万t，占全省海洋捕捞总产量的2.82%(表3-5-2)。

表3-5-2　福建省钓具作业在全省捕捞业中所占比例(2016年)

项目	渔船数量(艘)	渔船功率(kW)	渔船吨位(t)	年产量(t)
全省捕捞业	29154	2225009	1012537	2331021
钓具渔业	1518	85349	43807	65851
钓具渔业所占比例(%)	5.21	3.84	4.33	2.82

三、渔业地位

1. 钓具渔业渔船功率、吨位占全省海洋捕捞业比例变化

2007年，福建省钓具渔业渔船功率占全省海洋捕捞业渔船功率的比例为3.40%，渔船吨位比例为4.61%；2016年有所变化，渔船功率比例为3.84%，渔船吨位比例为4.33%；相比之下，渔船的功率所占比例增加了0.44%。渔船的吨位所占比例减少了0.28%(图3-5-2)。

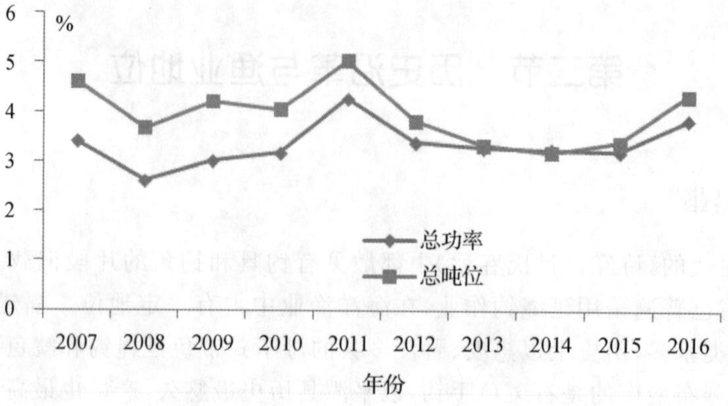

图 3-5-2　福建省钓具渔业渔船功率、吨位占全省海洋捕捞业比例变化

2. 钓具渔船数量及年产量所占比例变化

2007 年，福建省钓具渔船数量占全省海洋捕捞业渔船数量的比例为 4.56%，其年产量占全省海洋捕捞产量的比例为 1.82%，2016 年渔船数量比例上升到 5.21%，所占比例提高了 0.65%，其年产量比例上升到 2.82%。所占比例提升了 1.00%(图 3-5-3)。

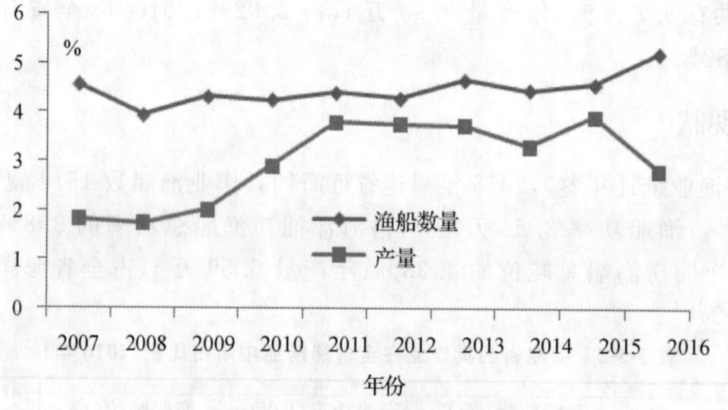

图 3-5-3　福建省钓具渔船数量及年产量所占比例变化

3. 渔业地位

近年来，由于受气候变化、环境污染、过渡捕捞等因素的影响，底层鱼类资源严重衰退，海洋捕捞业的发展陷入了困境。钓具作为我省的传统渔具，对海洋生态环境破坏性小，对经济幼鱼损害也较小，本应大力发展，扩大其作业规模，但是，由于一方面受渔业资源衰减的影响，加上钓具的单位产量较低，经济效益不明显，10 年来，在全省海洋捕捞业中渔船数量、功率、吨位和年产量所占比例有增有减，但幅度均不大，所占比例均较小，未能成为海洋捕捞的主导渔业。

第三节　发展前景与渔业管理

一、钓具渔业的变化

1.渔船数量、产量变化

2007年，福建省有钓具渔船数量1626艘，年产量为3.65万t；2016年，钓具渔船数量有1518艘，年产量6.59万t。10年来，渔船数量减少了108艘，减少幅度为6.45%；年产量却增加了2.94万t，增加幅度为80.55%（图3-5-4）。显然，10年来钓具渔业，虽然是渔船数量有所减少，但年产量还是有较大增加。

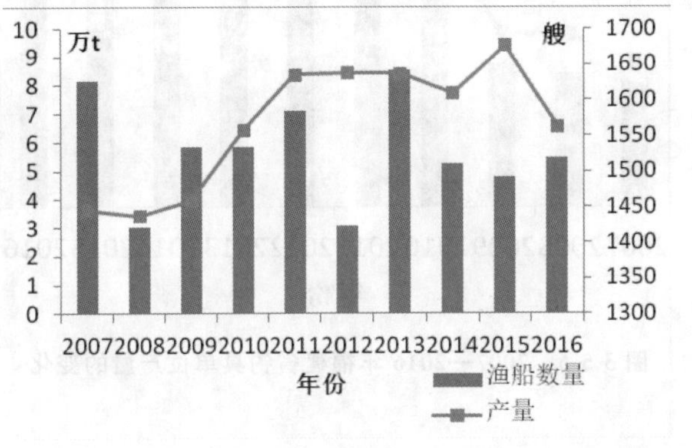

图3-5-4　2007—2016年福建省钓具渔船数量、产量变化

2.渔船总功率、吨位变化

2007年，福建省有钓具渔船总功率6.04万kW，渔船总吨位2.81万t；2016年，渔船总功率8.53万kW，总吨位4.38万t。10年来，渔船总功率增加了2.49万kW，增加幅度为41.23%；渔船总吨位增加了1.57万t，增加幅度为55.87%（图3-5-5）。显然，10年来钓具渔业，不管是渔船功率还是渔船吨位，均有较大程度的增加。

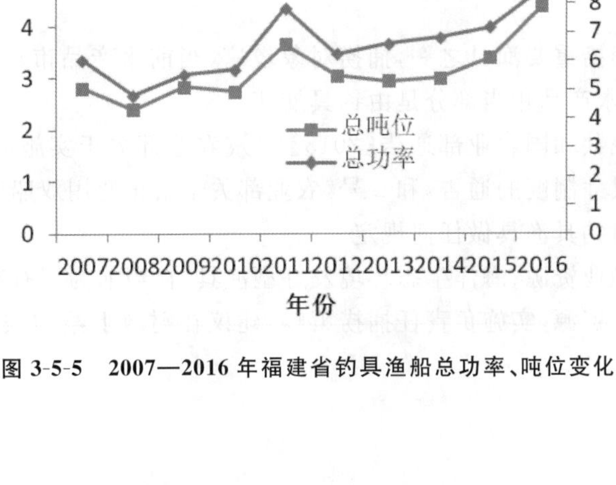

图3-5-5　2007—2016年福建省钓具渔船总功率、吨位变化

3. 单位产量的变化

2007 年，福建省钓具单船产量为 22.45 t/艘，单位功率产量为 0.60 t/kW；2016 年，钓具单船产量增加到 43.38 t/艘，增加了 20.93 t/艘；单位功率产量增加到 2.40 t/kW，增加了1.8 t/kW(图 3-5-6)。显然，10 年来钓具渔业，虽然该作业的渔船数量有所减少，但渔船功率、吨位和年产量均有较大程度的增加，且单船产量和单位功率产量 CPUE 均有明显增加。

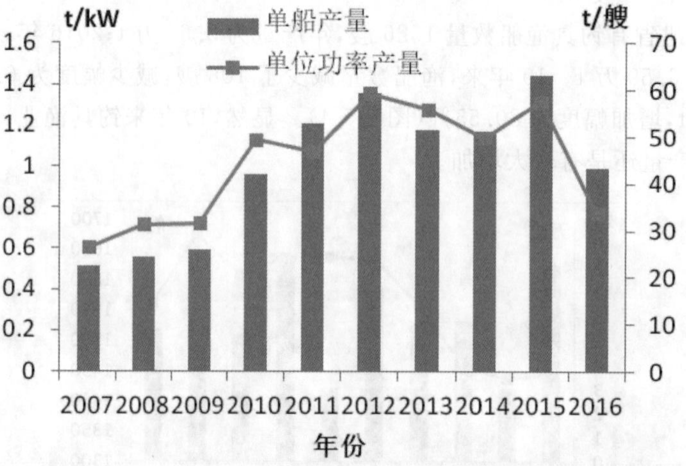

图 3-5-6　2007—2016 年福建省钓具单位产量的变化

二、发展前景

从渔业经济效益和社会效益的角度而言，钓具渔业的生产技术较为简单，是一种操作方便、投资少、能耗小、产量相对稳定、风险小的渔业。另一方面，钓具渔业是一种典型的被动式捕捞作业，对渔获物选择性较好，对海洋生态环境破坏较小，对渔业资源损害较小。但是，由于一方面受渔业资源衰减的影响，加上钓具的单位产量较低，经济效益不明显，钓具渔业在全省海洋捕捞业中功率、吨位和年产量有所增加，单位产量也有所增加，但由于单位规模较小，未能成为海洋捕捞的主导渔业。

三、管理意见

1. 钓具是水产捕捞重要渔具之一，捕捞对象较广，当前水产品市场对高档、优质鱼类需求日益增长，而这些水产品相当部分是由钓具捕获。

2. 根据中华人民共和国农业部通告【2013】1 号《农业部关于实施海洋捕捞准用渔具和过渡渔具最小网目尺寸制度的通告》和 2 号《农业部关于禁止使用双船单片多囊拖网等十三种渔具的通告》，未对钓具渔具做任何规定。

3. 鉴于钓具是渔业资源、海洋生态环境友好型渔具，在当前为了有利于鱼类资源的繁殖保护及合理利用渔业资源，实施负责任捕捞策略，建议在财政上给与扶持，大力发展钓具类渔具。

第四节　延绳钓

延绳钓是钓具中最主要的一种作业方式，包含定置延绳和漂流延绳两种作业方式。延绳钓由若干条干线构成一个作业单位，每条干线上系结许多等长度的支线及钓钩，钩上装饵，利用浮、沉装置，将其敷设于表、中和底层，作业时随流漂动或定置。一般适用于渔场广阔，潮流较缓的海区。福建省延绳钓占本省钓具类总数的 71.24%，其中定置延绳钓占 69.25%，漂流延绳钓占 1.96%。延绳钓按照作业渔船分有母子式和单船式两种。母子式由一艘母船（载重 6～30 t）和一至八艘子船（载重 1～2 t）组成。母船一般作运载和住膳用，将子船送到渔场，由子船作业。母子船作业渔场较远。单船式以一艘船（载重 2～8 t）为作业单位。在岛屿附近海域从事延绳钓作业。定置延绳式真饵单钩型钓具，是延绳钓的一种作业形式，也是福建省钓渔业中最主要的一种钓具，在海洋渔业中占有重要的地位。定置延绳真饵单钩钓分布于福建南部。这一型式渔具俗名或地方名有连钓、大滚、鳗鱼滚、鳗鱼钓、叫姑鱼滚、滚钩及放钩等。

一、定置延绳真饵单钩钓具

1. 渔具作业和结构特点

定置延绳真饵单钩钓生产与捕捞对象的洄游分布相关联。带鱼属洄游性鱼类，带鱼延绳钓作业渔场主要在福建闽东渔场，水深 50～90 m。渔期自 7 月至翌年 3 月，其间以 11 月至翌年 2 月为旺汛期。鳗鱼属区域溯河性洄游鱼类，福建省的鳗鱼延绳钓汛期 3～11 月，主要渔汛在夏、秋季，其中闽东渔场较早为 3～9 月，3～4 月及 7～8 月为旺汛；闽中、闽南渔场较迟，旺汛期在 8～11 月，渔场水深 25～60 m。鰳鱼延绳钓作业渔场在闽中、闽东沿岸、近海，渔期 4～8 月。

延绳钓渔具由钓钩、干线、支线、浮子、沉子和饵料组成。其结构、材料、形状和大小等，主要取决于钓捕对象的习性、体重、嘴形和作业方式。钓具主尺度范围在 100.2 m×3.8 m（25 钩）至 480 m×1.6 m（150 钩），单船渔具携带数量在 6～500 篮，一般携带 20～100 篮。内陆捕捞的渔具主尺度范围在 100 m×0.35 m 至 500 m×0.25 m；单船渔具携带数量在 1～20 篮（150～1000 枚钩）。鲨鱼延绳钓属定置真饵单钩延绳钓，是福建沿海各地传统的作业渔具之一。该渔具主要分布于厦门、龙海、东山等市县，厦门的加网滚钓渔具主尺度为 92.00 m×0.5 m（18 钩），图 3-5-7 为加网滚钓具结构图。

2. 主要捕捞对象

海洋主捕对象有鳗鱼、石斑鱼、鲷鱼、鮸鱼、大黄鱼、叫姑鱼、黄姑鱼、白姑鱼、鲨鱼、魟鳐类等。定置延绳真饵单钩钓具钓获的均为成鱼，幼鱼基本上不被钓获。内陆主捕对象有黄颡鱼、鲶鱼、鲤鱼及鳖等。内陆定置延绳真饵单钩钓具钓获的也均为成鱼，幼鱼基本上不被钓获。

3. 渔法特点

该作业以母、子船形式生产，1 艘母船带 2 艘子船，母船负责放钓，子船负责收钓，每次作业母船约带 100 筐钓钩、线。渔船到达渔场后，母船将子船按一定间距放出，把钓篮放置

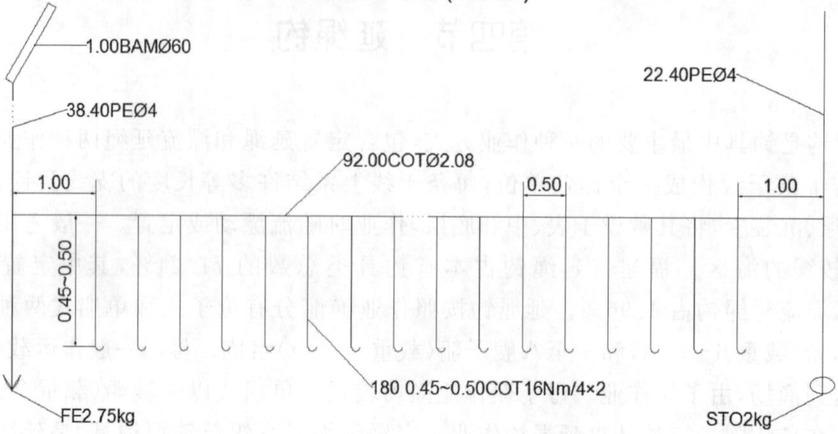

图 3-5-7 定置真饵单钩延绳钓具(厦门加网滚钓)结构图

船舷,船与水流成45°角放钓,先投放一锚一浮筒,然后按顺序放钓,直至放完要放的全部钓具后,最后再投放一锚一浮筒,放完钓后,船抛锚在附近。平潮时,船起锚到投钓位置,进行起钓,收起锚或沉石,依次将钩拉上,边摘鱼边整理渔具。一人收钓,其他人脱钓获物及整理干、支线并放入钓篮,直至把钓具起完。图3-5-8为定置延绳真饵单钩钓作业示意图。

图 3-5-8 定置延绳真饵单钩钓作业示意图

4.地区分布

我省的定置延绳真饵单钩钓具共有43716篮,其中沿海有9231篮,占全省定置延绳真饵单钩钓具总数的21.12%,主要分布在福州市、厦门市和漳州市;内陆在三明市的三元县等5个县,共有34485篮,内陆占78.89%。尤其是三元县,有27100篮,占62.00%,详见表3-5-3。

表 3-5-3　福建省定置延绳真饵单钩钓具地区分布表(单位:篮)

地市	渔具数量	县市	渔具数量
福州	3856	连江	3856
厦门	2175	思明	2175
漳州	3200	东山	3200
三明	34485	将乐	100
		三元	27100
		沙县	5005
		梅列	1600
		永安	680
全省合计	43716	8 个县区	43716

二、漂流延绳真饵单钩钓具

漂流式延绳真饵单钩钓具,主要分布于我省的南部沿海地区。福建省漂流延绳真饵单钩钓具占延绳真饵单钓钓具总量的 17.29%,这一型式渔具的俗名或地方名有白鱼滚、鳗鱼钓、鳗鱼滚、吧哏滚、鳓鱼滚、冬滚等。

1. 渔具作业和结构特点

漂流延绳真饵单钩钓具宜于在渔场广阔、潮流较缓的渔区作业,将钓具敷设在中、上层水域。其钓具结构与定置延绳真饵单钩钓具类同,渔具主尺度为 280m×1.6m(88 钩),单船携带钓具数量 10～14 篮。图 3-5-9 为白鱼滚钓具结构图。

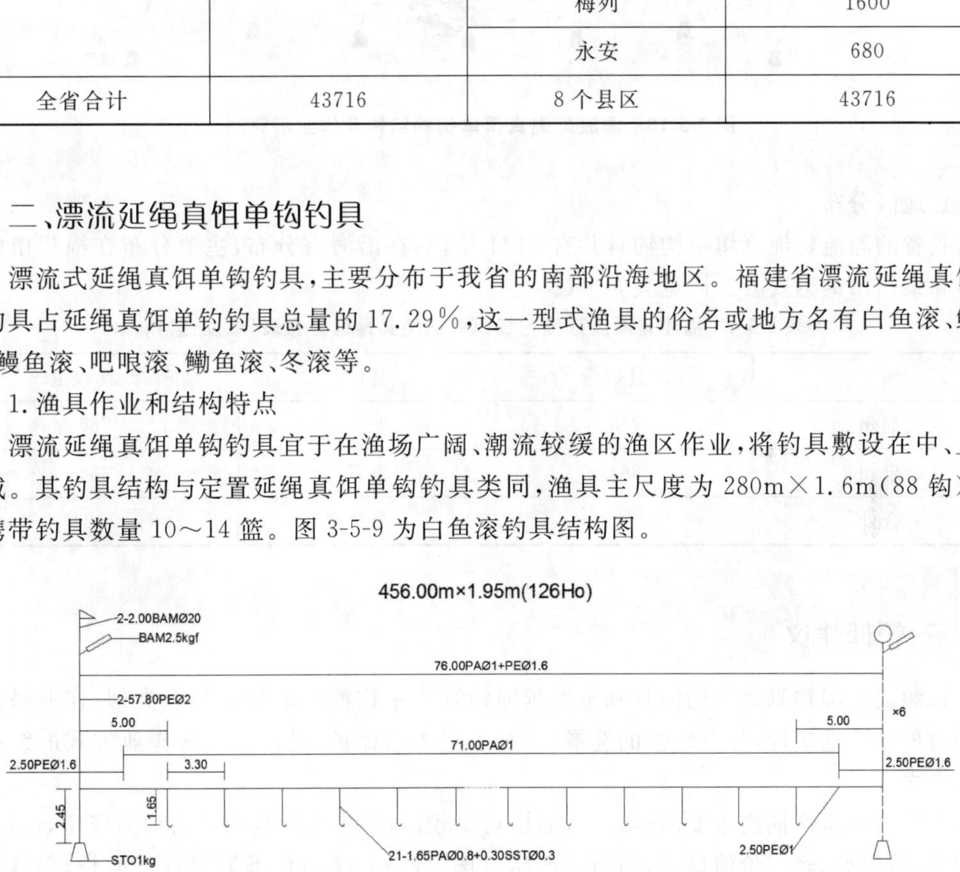

图 3-5-9　漂流式延绳真饵单钩钓具(惠安县白鱼滚钓)结构图

2. 主要捕捞对象

福建省的漂流延绳钓具的主要捕捞对象有带鱼、鳗鱼、鲨鱼、大黄鱼、魟、鳐、黄姑鱼、鳓鱼、蓝圆鲹、蛇鲻、三疣梭子蟹等。

3. 渔法特点

该作业以母、子船形式生产,1 艘母船带 1～7 艘子船,母船负责放钓,子船负责收钓,每次作业母船带 10～14 筐钓钩、线。渔船到达渔场后,放出子船,选定下沟地点,依次将钓钩放出，完毕后，返回放钓起始地点，开始收钓，边收钓边摘鱼，并将钓钩重新放出，依次循环。图 3-5-10 为漂流延绳真饵单钩钓结构及作业示意图。

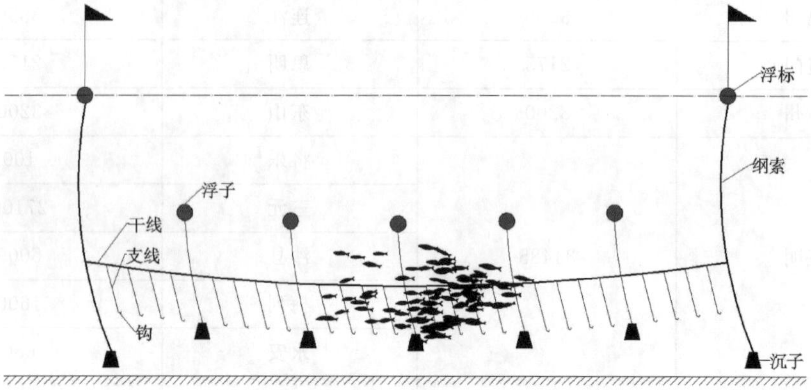

图 3-5-10 漂流延绳真饵单钩钓结构及作业示意图

4. 地区分布

我省的漂流延绳真饵单钩钓具共有 1124 篮，只在沿海有分布，主要分布在福州市的罗源县和泉州市的惠安县。详见表 3-5-4。

表 3-5-4 福建省漂流延绳钓真饵单钩渔具地区分布表(单位:篮)

地市	渔具数量	县区	渔具数量
福州	760	罗源	760
泉州	364	惠安	364
合计	1124	2 个县区	1124

三、管理建议

1. 漂流延绳钓真饵单钩渔具和定置延绳钓真饵单钩渔具的作业特点类似，作业条件和捕捞对象的广适应性，具有较强的选择性，利于资源的保护，可作为其他作业方式的结构调整方向之一。

2. 钓具是水产捕捞重要渔具之一，捕捞对象较广，钓具类渔具钓获的均为成鱼，鱼体大、鲜度高、质量好，经济价值显著，当前水产品市场对高档、优质鱼类需求日益增长，而这些水产品相当部分是由钓具捕获。

3. 根据中华人民共和国农业部通告【2013】1 号《农业部关于实施海洋捕捞准用渔具和过渡渔具最小网目尺寸制度的通告》和 2 号《农业部关于禁止使用双船单片多囊拖网等十三种渔具的通告》，未对钓具渔具做任何规定。

4. 鉴于钓具是渔业资源、海洋生态环境友好型渔具，在当前为了有利于鱼类资源的繁殖保护及合理利用渔业资源，实施负责任捕捞策略，建议在财政上给与扶持，大力发展钓具类渔具。

第五节　垂钓

垂钓是用手、机械和钓竿悬垂钓线作业的方法。目前福建省以手钓、垂钓为主，机械垂钓用于远洋鱿鱼钓业。按作业型式分有真饵单钩钓和拟饵复钩钓两型。垂钓真饵单钩钓（拟饵复钩钓），是在一条钓线上附一支钓钩（复钩），钓钩上装饵料（拟饵），作业时用手拎动钓线，诱鱼上钩，达到钓获目的。垂钓真饵单钓钩，适宜于在底质为岩礁、岛屿周边海域，钓捕鲷类。

垂钓作业采用单船式和母子船式两种方式，渔船规模与延绳钓类同，渔船规模依钓具的作业规模决定。钓捕鲷科类需设置活鱼舱，以提高钓捕经济效益。

一、垂钓拟饵复钩钓

垂钓拟饵复钩钓具俗称鱿鱼手钓。有两个或两个以上的钓头，采用拟饵。主要分布在泉州市的惠安县。该渔具利用鱿鱼的趋光性，在一条钓线上设置多个钓钩，采用拟饵钓捕鱿鱼。历史上原为真饵钓钩，20 世纪 80 年代以后，随着拟饵的出现，该种作业才逐渐兴起。目前仅剩下泉州市惠安县 6484 门垂钓拟饵复钩钓具（鱿鱼钓）。

1. 渔具结构特点

垂钓拟饵复钩钓具，由手线、转环、钓线、钓钩和沉锤等组成。每个复钩由 15～17 枚钓钩组合而成，形同菊花形状。海洋捕捞的渔具主尺度范围为 40 m(3 钩)，单船渔具携带数量 46 篮，闽南渔场生产期为每年的 4 月中旬至 9 月中旬。图 3-5-11 为垂钓拟饵复钩钓具结构图。

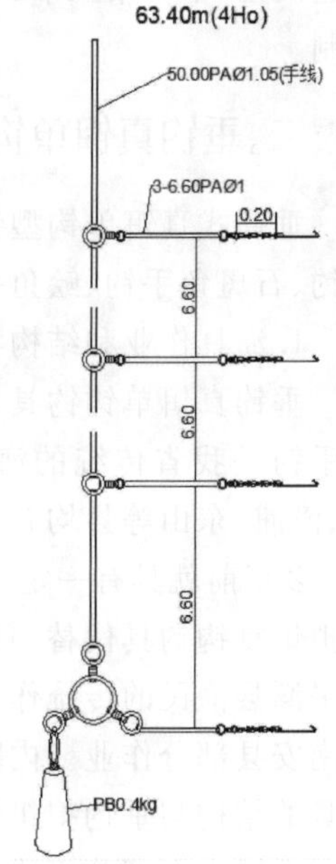

图 3-5-11　垂钓拟饵复钩钓具（惠安鱿鱼手钓）结构图

2. 渔场渔期及主要捕捞对象

作业渔场主要在台湾海峡南端的兄弟岛渔场、台湾堆渔场、鸡心粗渔场及粤东南澎湖列岛渔场，水深 15～50 m，底质以沙、砾石、贝壳为主。渔期从 4 月到 10 月，8～9 月为旺汛期。海洋垂钓主捕对象仅为鱿鱼；垂钓拟饵复钩钓具钓获的绝大多数为成鱼，幼鱼仅约占 1.5％。

3. 渔法特点

垂钓拟饵复钩钓具的渔法主要是：渔船到达渔场后，放下舢板或竹筏，并在舢板或竹筏上点燃诱鱼灯，把 3～4 门单钓敷设于表层，然后再把拟饵复钩钓放入海里，用手线上的各层钓钩探测鱿鱼所处的水层。徐徐拉上手线，鱿鱼追饵而起，就把中上层鱿鱼诱到表层，被诱到表层的鱿鱼就在诱鱼灯的光照区里游动追饵。这时可用红布或厚纸遮盖诱鱼灯进行缩光，然后把单钓逐条拉近舢板或竹筏，使鱿鱼群更集中，最后用抄网抄捕。由于鱿鱼贪食、嗜光，脱走的鱿鱼仍会追逐饵料和灯光而集结。图 3-5-12 为垂钓拟饵复钩钓具的作业示意图。

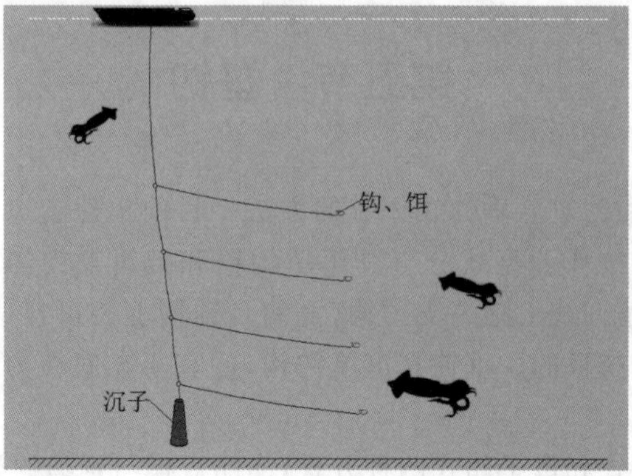

图 3-5-12　垂钓拟饵复钩钓具的作业示意图

4. 地区分布

我省的垂钓拟饵复钩钓具共有 6486 篮，均分布在泉州市的惠安县。

5. 发展前景与管理建议

垂钓拟饵复钩钓具有选择性强，渔获质量好等优点，且主要针对特定鱼种，渔获质量好，经济价值高，基本不损害渔业资源，是一种值得提倡的作业类型。对该渔具的发展前景与管理建议见“本章第三节二、三部分”内容。集鱼灯光照强度及作业时配置的灯光总功率需要控制。

二、垂钓真饵单钩钓具

垂钓式真饵单钩型钓具是垂钓中的一种作业形式，俗称鱿鱼手钓、石斑鱼手钓、鲙鱼手钓。分布于南部沿海地区和内陆地区。

1. 渔具作业和结构特点

垂钓真饵单钩钓具，主要有鱿鱼手钓和石斑鱼手钓两种。鱿鱼手钓是我省传统的海洋作业，20 世纪前，惠安、晋江、厦门、龙海、漳浦、东山等县均有分布，以惠安县为最多，惠安鱿鱼钓业早在 100 多年前就具有一定的生产规模，20 世纪以后，鱿鱼手钓已被垂钓拟饵复钩钓具代替，且仅剩惠安县还有一定规模。石斑鱼手钓是平潭县渔民的传统作业，据传已有数百年历史，目前仅剩平潭县和南安县部分作业。内陆主要分布在龙岩地区。垂钓真饵单钩型钓具的结构与垂钓拟饵复钩钓具相似，渔具由手线、转环、钓线、钓钩和沉锤 5 个部分组成。手钓绳直接用死结结于转环的上圈，钓线用死结结于转环的下圈。石斑鱼手钓的饵料种类较多，有虾、泥鳅、虾蛄、沙蟹、蓝圆鲹、鱿鱼等。垂钓真饵单钩钓具主尺度与作业水深相关联，一般主尺度为 52～90 m（单钩），钓线为锦纶单线，单钩为长形钩，具有倒刺。单人操作 1～2 个单钩。钓捕以成鱼为主，渔获处理得当时大多为活体。图 3-5-13 为垂钓式真饵单钩型钓具结构图。

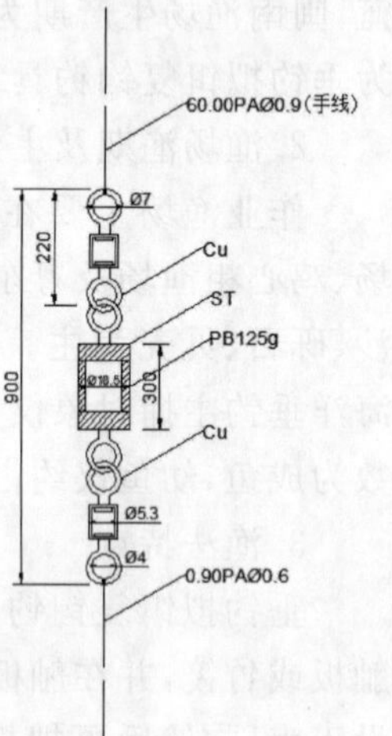

图 3-5-13　垂钓式真饵单钩型钓具（平潭鲙鱼单门钓）结构图

2. 渔场渔期及主要捕捞对象

石斑鱼手钓的渔场渔期与石斑鱼的生活习性相关，由于石斑鱼喜栖于礁石、岩穴、沙砾海域或礁盘浅海区，因此，石斑鱼手钓的作业渔场主要在平潭岛附近、湄洲湾、兴化湾、牛山渔场、闽江口渔场及崇武渔场；水深一般 30 m 以浅，渔期为 3 月至 8 月。内陆垂钓真饵单钩钓具主要在湖泊、水库作业，捕捞草鱼、鲤鱼、鲫鱼、罗非鱼等淡水鱼类。

3. 渔法特点

到达渔场后，放下钓钩，并拎动钓线，使钓钩在离海底 0.2～0.5 m 之间移动，引诱捕捞对象上钩。确定鱼上钩后，收线起钓。图 3-5-14 为垂钓式真饵单钩型钓具作业示意图。

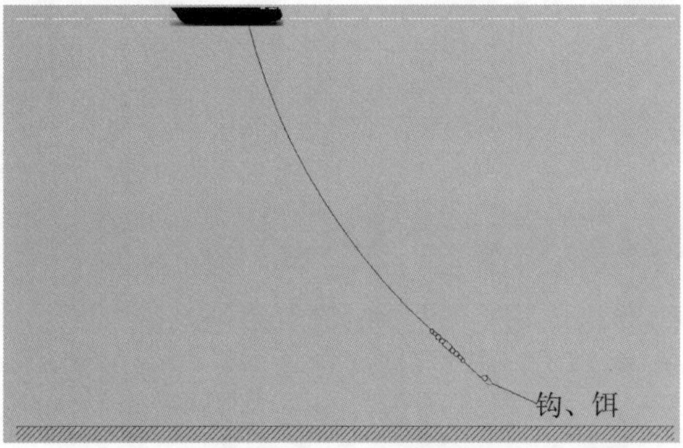

图 3-5-14 垂钓式真饵单钩型钓具作业示意图

4. 地区分布

根据 2009 年调查，福建省共有垂钓式真饵单钩钓具 3111 篮，内陆数量较多，占总数的 94.82%，主要分布在龙岩市的连城等个县，连城县最多，占总数的 48.22%；沿海主要分布在福州市的平潭县和泉州的南安县，详见表 3-5-5。

表 3-5-5 福建省垂钓真饵单钩钓具数量分布表(单位:篮)

地市	渔具数量	县区	渔具数量
福州	60	平潭	60
泉州	101	南安	101
龙岩	2950	连城	1500
		长汀	650
		新罗	500
		上杭	300
合计	3111	6 个县区	3111

5. 管理建议

(1)垂钓式真饵单钩钓具有选择性强，渔获质量好等优点，且主要针对特定鱼种，渔获质量好，经济价值高，基本不损害渔业资源，是一种值得提倡的作业类型，可以作为休闲渔业鼓励发展。

(2)根据中华人民共和国农业部通告【2013】1 号《农业部关于实施海洋捕捞准用渔具和过渡渔具最小网目尺寸制度的通告》和 2 号《农业部关于禁止使用双船单片多囊拖网等十三种渔具的通告》,未对钓具渔具做任何规定。

(3)鉴于钓具是渔业资源、海洋生态环境友好型渔具,在当前为了有利于鱼类资源的繁殖保护及合理利用渔业资源,实施负责任捕捞策略,建议在财政上给与扶持,大力发展钓具类渔具。

第六章 耙刺类

耙刺类渔具是传统渔具,历史悠久,在沿海地区均有分布。耙刺类渔具是利用特制的钩、耙铲等工具,以钩挂、耙掘、铲刨等方式刺捕鱼体或将埋在沙泥中的鱼虾、贝类耙铲而达到捕捞目的的渔具。其分布在沿海地区近海的滩涂、岛礁、湾澳等地。

第一节 捕捞原理及作业现状

一、作业基本原理及其特点

耙刺类渔具利用特制的钩、耙、铲等工具,分别以钩挂、耙、铲、刨等方式采捕贝类、鱼类、达到捕获目的。它的作业特点是渔具规格小,结构简单,生产规模不大,作业人员不多,有的也不需要渔船作业。

二、作业方式、种类

据 2009 年调查,按照渔具结构和作业方式,福建耙刺类渔具主要有齿耙耙刺,拖曳齿耙耙刺和定置延绳滚钩耙刺 3 种,共有 262 套,其中沿海 212 个,占耙刺类总数的 80.9%,内陆 50 套,占 19.1%。齿耙耙刺、拖曳齿耙耙刺和定置延绳滚钩耙刺,分别占耙刺类渔具总数量的64.12%、34.35%和 1.53%(表 3-6-1、图 3-6-1)。

表 3-6-1 福建省耙刺类不同作业型式渔具的数量分布

作业型式	齿耙耙刺	拖曳齿耙耙刺	定置延绳滚钩耙刺	合计
渔具数量(套)	168	90	4	262
%	64.12	34.35	1.53	100.0

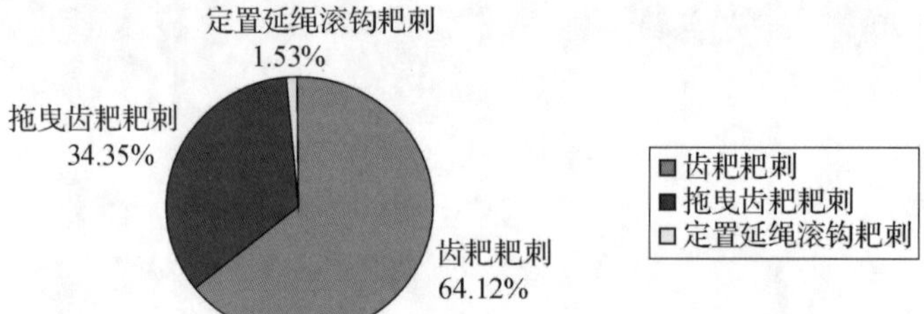

图 3-6-1 福建省耙刺类不同作业型式的渔具数量组成

三、渔场、渔期、渔获物组成

福建省定置延绳滚钩渔具作业渔场主要在闽东、闽中渔场，水深在 35 m 以下，其中以 15～25 m 海区为主，底质为沙泥、泥沙，渔期为 4～11 月，其中 6～9 月为旺汛期，捕捞对象为鳐、魟、鲆、鲽、鳗、鮸、海鲶、鲨等。铲耙锹铲渔具作业渔场在厦门内海，水深 10 m 以内，渔期为 7～12 月，捕捞文昌鱼。

四、地区分布

福建省的齿耙耙刺数量最多，占耙刺类总数的 64.12%，主要分布在漳州市的云霄县和龙岩市的连城县；拖曳耙刺居第二，占耙刺类总数的 34.35%，主要分布在漳州市的东山县。定置延绳滚钩耙刺很少，只有 4 套，分布在宁德市的福安县(表 3-6-2)。

表 3-6-2 福建省耙刺类不同作业型式的渔具数量地区分布(单位:套)

地市	作业形式	渔具数量	县区	渔具数量
宁德	定置延绳滚钩耙刺	4	福安	4
漳州	齿耙耙刺	118	云霄	118
	拖曳齿耙耙刺	90	东山	90
龙岩	齿耙耙刺	50	连城	50
合计		262	4 个县区	262

第二节 定置延绳耙刺

定置延绳耙刺俗称绊钩钓、滚钩钓、空钩钓。目前，我省只有宁德市的福安县有少量分布。

一、渔具作业和结构特点

定置延绳式滚钩型耙刺是在干线上系结若干支线，支线末端结扎锐钩构成。利用浮子、沉子或锚将渔具敷设于底层鱼类游过的海底，依靠较密集的锐钩刺挂鱼体(不设饵料)，而达到目的。

1. 网具规格

定置延绳耙刺渔具主尺度的规格有 50 m×180 钩、50 m×120 钩；单船携带渔具数量视渔船大小而定，小功率渔船带 40～50 荚、60～70 荚，大功率渔船携带 120～150 荚(图 3-6-2)。

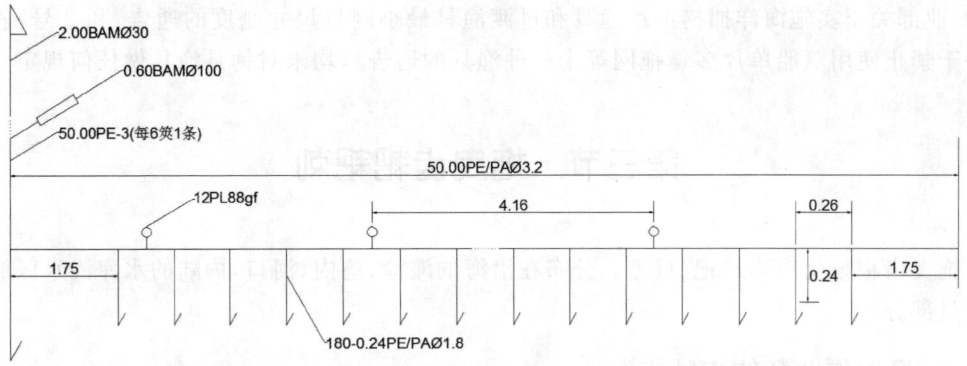

图 3-6-2　定置延绳耙刺渔具结构图

2. 渔场渔期、主要捕捞对象

定置延绳耙刺主要在闽东、闽南渔场生产，水深一般在 35 m 以内，其中以 15～25 m 海区为主，底质为沙泥或泥质。渔期为 4～11 月，其中以 6～9 月为旺汛。每年作业时间大约 160 天。主要捕捞对象为魟、鳐、鲆、鲽、鳗、海鲶、鲨等。

3. 渔法特点

一般傍晚时，先将小船放下，顺流或横流放钩。清晨时起钩，边拉钩、边摘鱼、边整理渔具，以便继续放钩。图 3-6-3 为定置延绳耙刺作业示意图。

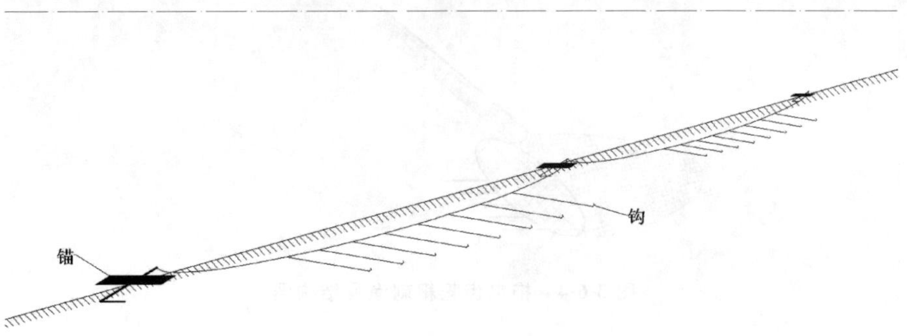

图 3-6-3　定置延绳耙刺作业示意图

二、地区分布

我省的定置延绳耙刺渔具数量少，仅有 4 套，占全省耙刺类渔具总数的 1.53%，分布在宁德市的福安县。

三、管理建议

定置延绳滚钩耙刺主要捕捞魟、鳐、鲆、鲽、鳗、鲨等底层鱼类。具有渔场近、成本低、收入好的特点，其作业对海洋生态环境的影响小。根据中华人民共和国农业部通告【2013】1号《农业部关于实施海洋捕捞准用渔具和过渡渔具最小网目尺寸制度的通告》和2号《农业部关于禁止使用双船单片多囊拖网等十三种渔具的通告》，均未对钓具渔具做任何规定。

第三节　拖曳齿耙耙刺

拖曳齿耙耙刺俗称蛤耙、贝耙。分布在沿海的滩涂、湾内、河口，内陆的水库浅水区域也有少量部分。

一、渔具作业和结构特点

拖曳齿耙渔具由齿耙、框架外包网片、木柄、曳绳组成。采用钢筋做成矩形或椭圆形框架，框架外装配网片形成网兜状，钢架下端装耙齿，连接木柄和曳绳，以拖耙、耙掘浅海、水库、河口中的鱼、虾、贝类，全年可生产。

1. 渔具规格

拖曳齿耙耙刺渔具主尺度为(10～15m)×(5～8齿)，网片目大20～50 mm，图3-6-4为拖曳齿耙耙刺渔具结构图。

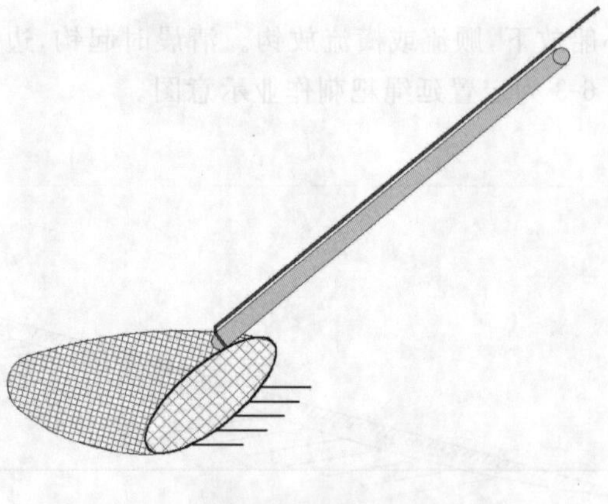

图 3-6-4　拖曳齿耙耙刺渔具结构图

2. 渔场渔期、主要捕捞对象

作业渔场在沿海浅滩，可全年作业，主捕毛蚶等贝类。

3. 渔法特点

小功率船一般由2～3人，携带5～8把；也有在滩涂或水库的浅水区域不用渔船一人一把，独自作业(图3-6-5)。

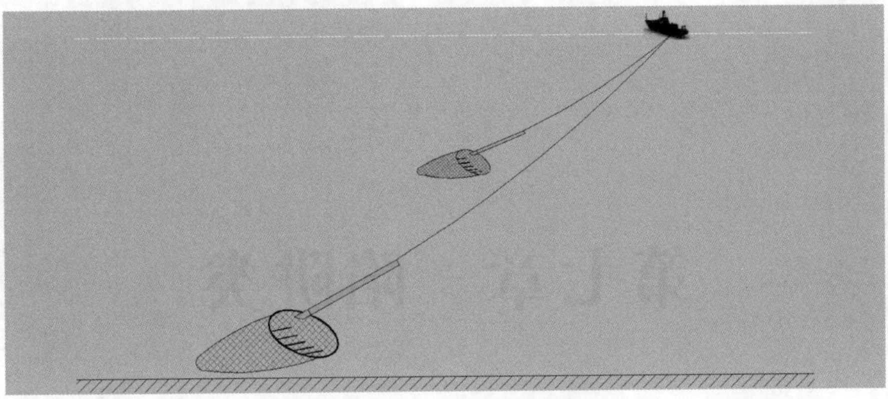

图 3-6-5　拖曳齿耙耙刺作业示意图

二、地区分布

我省的拖曳齿耙耙刺渔具数量不多，仅有 90 套，占全省耙刺类渔具总数的 34.35%，分布在漳州市的东山县。

三、管理建议

1. 拖曳齿耙耙刺属于小型沿岸渔具，主要捕捞毛蚶、蛤蜊等，渔具数量较少。但是，该渔具对渔场环境有一定的破坏作用。

2. 根据中华人民共和国农业部通告【2013】1 号《农业部关于实施海洋捕捞准用渔具和过渡渔具最小网目尺寸制度的通告》和 2 号《农业部关于禁止使用双船单片多囊拖网等十三种渔具的通告》，均未对钓具渔具做任何规定。

第七章 陷阱类

陷阱类渔具是历史悠久的传统和地方性渔具，在沿海地区分布较广。一般作为轮、兼作业使用或由沿海农民作为副业生产。陷阱类是固定设置在水域中，使捕捞对象受拦截、诱导而陷入的渔具。作业时根据沿岸地形、潮流和鱼、虾、蟹类的移动分布，敷设在海滩、湾澳的潮间带地区及内陆水库水域，利用潮差原理或驱赶达到捕捞目的。

第一节 捕捞原理及作业现状

一、作业基本原理及其特点

陷阱类渔具是将渔具敷设在海滩、河口、山岙、湾澳等沿海潮间带，藉潮流拦截或导陷洄游鱼类及甲壳类，从而达到捕捞目的。其作业特点是渔具所占地域面积普遍较大，一船为一个作业单位，作业人员不等。该类渔具除建网型外，多数渔具具有结构简单、操作简便、渔场近、投资小、经济效益良好等优点。

二、作业方式、种类

按照渔具结构和作业方式，陷阱类渔具主要有拦截插网陷阱、导陷插网陷阱、导陷建网陷阱三种作业型式。

三、渔场、渔期和渔获物组成

福建省以拦截插网陷阱与导陷建网陷阱二种作业方式为主。拦截插网陷阱主要分布于围头湾、闽江口一带，作业渔场在近岸浅滩潮间带地区，全年可以生产，旺汛期为 3～4 月及 7～9 月，主捕青鳞鱼、鲻鱼、梅童鱼、鱿鱼、虾、蟹等；导陷建网型渔具主要作业区域为闽中沿岸浅滩、湾岙潮间带，全年作业，主捕小型杂鱼类。

四、作业现状

根据本次调查结果，目前全省拥有陷阱类渔具总数量 10451 个，其中沿海 9903 个，占 94.76%，内陆 548 个，占 5.24%。

第二节 拦截插网陷阱

拦截插网型陷阱作业时，将长带形网具用竹竿或木杆等插置在潮差较大的滩涂上，有的还加设陷阱或倒须的网囊，有的两者皆备，以拦截随涨潮游来的鱼、虾，退潮后捕获。根据沿岸地形，渔具敷设呈面向陆地的弧形、喇叭形、角形等。拦截插网陷阱俗称吊墘、迷魂网。

一、渔具作业和结构特点

拦截插网陷阱作业是利用山岙、江河口、围头内湾和近岸浅滩的潮间带地形，将渔具拦围滩涂，潮水落平将木桩插入涂泥中，潮平吊起上纲及网衣，阻拦随涨潮流带来的鱼、虾类，待落潮后收取渔获物。拦截插网陷阱渔具由数十片相同的矩形网片组合而成，敷设在场地宽阔，底形平坦，渔具作业环境条件较好的近岸滩涂潮间带。该种作业主要分布于闽南沿岸浅滩。

1. 渔具主要长度

拦截插网陷阱渔具主尺度的规格根据当地水域深浅，潮差的大小而设计。渔具主尺度有 2 m×50 m、10 m×40 m、12 m×70 m、8 m×100 m、10 m×150 m 等几种；网具的网衣目大20～40 mm，囊网目大 10 mm；渔具携带数量少则 20～30 片，多则 100 片。图 3-7-1 为拦截插网陷阱结构图。

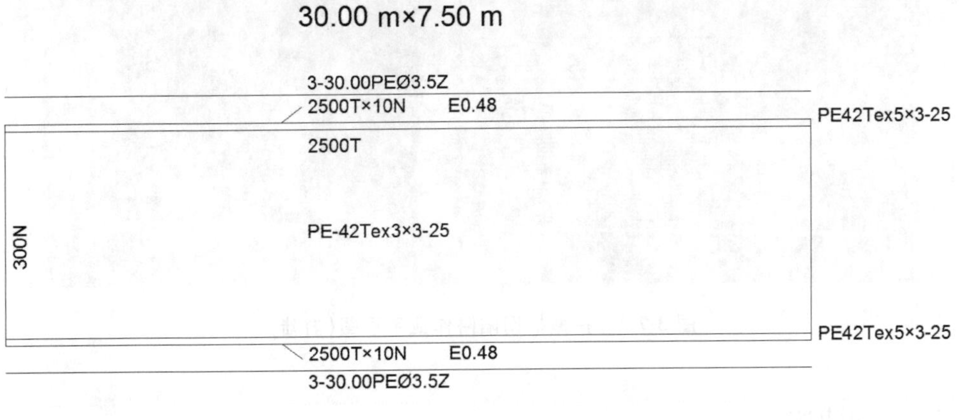

图 3-7-1 拦截插网陷阱(吊网)结构图

2. 主要捕捞对象

鱼、虾、蟹类及小杂鱼。幼鱼比例 10%～20%。

3.渔法特点

拦截插网陷阱由网衣、插杆构成，作业时带几十片或上百片相同规格的矩形网片，用木桩敷插在场地宽阔、底形平坦的水域。沿海地区利用潮间带的滩涂，待退潮时将插杆打入泥土中，绑结好网片，网片的缘网埋入泥沙中，涨潮时渔船驶进网列拉起网衣吊绳，形成网长带形墙拦截捕捞对象，第二次退潮时收取渔获如图 3-7-2 所示。年作业天数 150～200 天，旺汛为每年的 3～4 月、7～9 月。内陆地区将网具敷设在水库水域，网墙的正中央增设一个身囊网，2～3 艘小船进入网列中，驱赶渔获进入网袋后在囊袋处取鱼，拦截插网常年可作业。沿海拦截插网陷阱作业示意图如图 3-7-2 所示，内陆拦截插网陷阱作业示意图如图 3-7-3 所示。

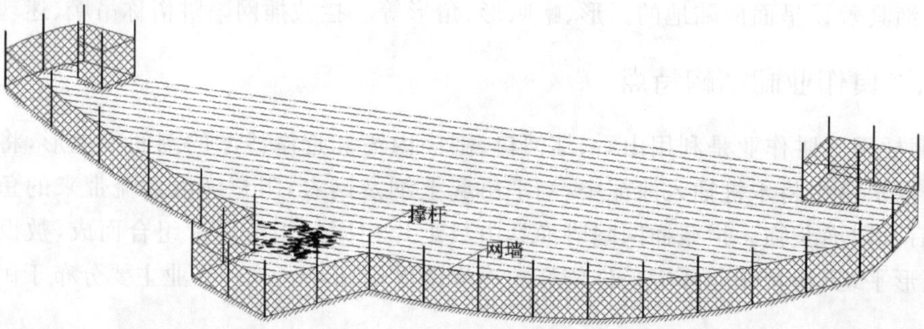

图 3-7-2 拦截插网陷阱作业示意图(沿海)

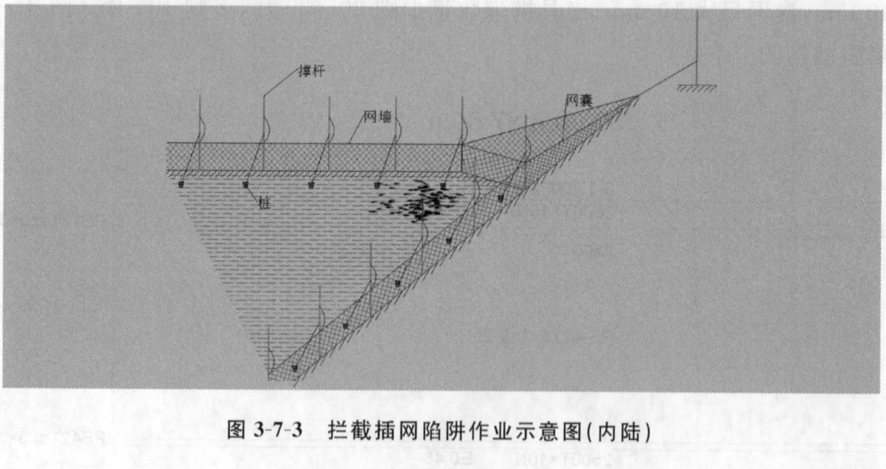

图 3-7-3 拦截插网陷阱作业示意图(内陆)

二、管理建议

拦截插网陷阱主要捕捞近岸的小型鱼、虾，其中包括经济幼鱼，不利于资源的养护。由于其布设需占用大量的滩涂区域，也影响了滩涂区域的环境。根据中华人民共和国农业部通告【2013】2 号《农业部关于禁止使用双船单片多囊拖网等十三种渔具的通告》(附表 JY－05)，拦截插网陷阱类禁止使用。

第八章　笼壶类

笼壶类俗称蟹笼、蟳笼、渔笼、螺笼、章鱼笼、土母栏、蜈蚣网、地龙网、火车网、串网等。它是根据捕捞对象特有栖息、摄食或生殖习性，设置带有洞穴状物体或在里面装有饵料并设有防逃倒须的笼具，诱其入内而捕获的专用工具。渔具结构比较简单、渔获选择性强。捕捞对象一般是底层的鱼类、虾类、蟹类、头足类、螺类等经济价值高的活鲜产品。根据主要捕捞对象选择渔场，在礁边、江河口和其他水域，水深 5～50 m。笼壶渔具结构简单，操作方便，成本低，作业不受渔场地理环境的限制，渔获一般皆为新鲜活体，是沿岸渔业轮、兼作业或副业生产的地方性小型渔具。

传统的笼类材料由竹篾编制，壶类用陶土或贝壳做成。随着科学的发展，渔具材料的不断更新，目前的笼具都采用钢架镀塑后，外用聚乙烯网片装置而成，壶类已被取代。

第一节　捕捞原理及作业现状

一、作业基本原理及其特点

笼壶类渔具是根据捕捞对象习性，设置洞穴状物体或笼具，用饵料诱其入内而捕获的专用工具，属被动性渔具。该类渔具主要通过对笼具构造的设计来实现捕捞目的，即在笼壶内设置不同装置，这些装置具有让捕捞对象进入容易、逃脱难的巧妙设计。

二、作业方式、种类

按照渔具结构特点分为倒须、洞穴 2 个型；按作业方式分为漂流延绳、定置延绳和散步 3 个式。福建省的笼壶类渔具主要有定置延绳倒须笼壶和定置折叠倒须笼壶 2 种型式。

三、渔场、渔期及渔获组成

笼壶主要捕捞对象内陆水域有虾虎鱼、黄鳝、虾蟹等，海洋中的主要捕捞对象有海鳝、海鳗、枪乌贼、青蟹、黄螺、短蛸、章鱼、东风螺等。福建省蟳笼作业渔场主要在九江口和闽江口等海淡水交汇区，水深 5～20 m，渔期从 3 月到 10 月，其中 6～8 月为旺汛期，主捕青蟹。黄螺笼渔场在长乐至霞浦沿海低洼或沟底处，水深 18 m 之内，底质为软泥或泥沙，渔期 3～10 月，其中 5～7 月为旺汛期，主捕东风螺。渔场主要在东山、厦门等地沿岸，水深 2～10 m 的沙砾、贝壳或沙质海区，渔期为 5～7 月和 10 月至翌年 4 月，主捕章鱼。闽东渔场的渔期为 3～4 月，渔场主要分布在近海 20～60 m 水深海域。

四、作业现状

1. 作业类型及数量分布

根据 2009 年的调查结果，目前全省拥有笼壶渔具总数量 845501 个，其中沿海 805762 个占 95.3%，内陆 39739 个占 4.7 %。从作业型式看，定置延绳倒须笼有 832500 个，占全省渔具总数量的 98.46 %；定置折叠倒须笼 10582 个，仅占 1.25 %；其他笼具 2419 个，占 0.29%（表 3-8-1、图 3-8-1）。

表 3-8-1　福建省笼壶类不同作业型式渔具的数量组成

作业型式	定置延绳倒须笼	定置折叠倒须笼	其他笼具	合计
渔具数量（个）	832500	10582	2419	845501
%	98.46	1.25	0.29	100

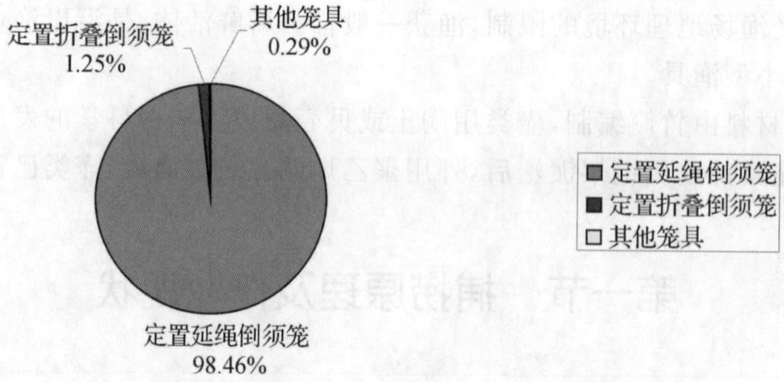

图 3-8-1　福建省笼壶类不同作业型式渔具的数量组成

第二节　历史沿革与渔业地位

一、历史沿革

笼壶渔业是人类最古老的捕捞方法之一。我国在唐代就有“鱼苟”的说法，“鱼苟”就是一种捕鱼竹笼。我省的蟳笼渔业具有悠久的历史，据载，在九龙江口的龙海县溪龙村，从事该作业的迄今已有四百年历史，而地处闽江口的福州市琅岐云龙村也有二百多年历史。笼壶渔业由于作业的产量较少，虽然活体鲜度好，价格较高，但总体经济效益欠佳，因此，不为人们所重视。然而，由于其结构简单而巧妙、渔获选择性强，渔期短、捕捞效果好，在渔业资源衰退的情况下，人们还是选择它作为沿岸渔业轮作或兼作的地方性小型渔具。特别是20世纪80年代后期研制，并在90年代逐渐发展起来的蟹笼作业方式，至今已发展成为东海区重要的作业方式之一。

二、渔业地位

1.渔船数量及产量变化

20世纪80年代至90年代间，福建省笼壶作业规模很小，其捕捞产量占全省捕捞产量的份额极小。90年代后期，经过改进设计的蟹笼，由单个刚体改进为折叠式蟹笼，作业渔船引进并安装了新型专用捕捞操作设备后，作业效率大大提高，单船携带蟹笼数量成倍增加，虽然渔船数量在减少，但是作业渔具的数量却呈增长的趋势。据2009年调查，福建省拥有各种笼壶渔具798127只，其中蟹笼就有590750只，占74.02%。

近10年来，福建省虽然从事笼壶作业的渔船数量变化不大，但产量却有一定的增加，2007年，全省的笼壶渔船数量有1198艘，产量54356 t；2015年渔船数量有1256艘，产量61867 t，渔船数量增加了58艘，增加幅度为4.84%，产量增加了7511 t，增加幅度为13.82%。详见图3-8-2。

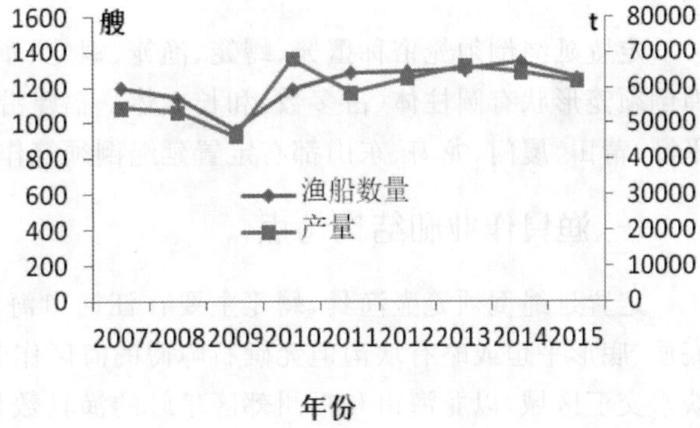

图3-8-2 2007—2015年福建省笼壶渔业的渔船数量及产量变化

2.渔业地位

福建省笼壶渔船数量和产量在福建省捕捞业中所占比例较小，近10年来变化也不大。

2007年，笼壶渔船数量占全省捕捞渔船的比例为3.36%，产量比例为2.71%；2015年，笼壶渔船数量占全省捕捞渔船的比例为3.86%，产量比例为2.571%。说明笼壶渔业在福建省的捕捞业中所占地位较轻，如图3-8-3所示。

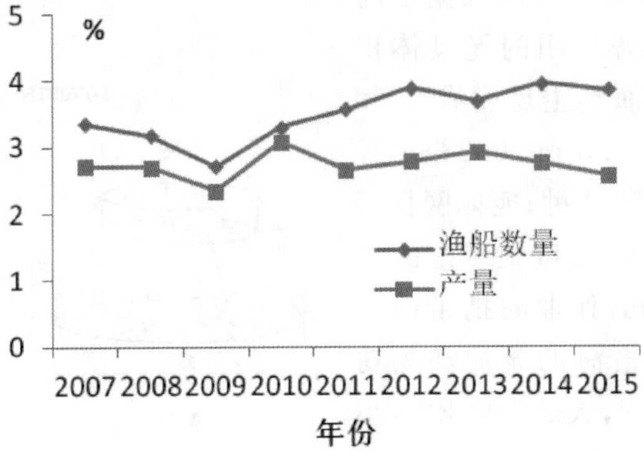

图3-8-3 2007—2015年福建省笼壶渔业渔船数量及产量所占比例变化

第三节 渔业管理

笼壶渔业是水产捕捞重要渔具之一，捕捞对象较广，当前水产品市场对高档、优质鱼类需求日益增长，而这些水产品相当部分是由笼壶捕获，但是，目前使用笼壶，有些网目偏小，有些占有面积太大，对渔业资源造成不同程度的影响，因此，必须针对不同类型的笼壶，加强最小网目限制和占用海域面积限制管理。

第四节 定置延绳倒须笼

定置延绳倒须笼俗称蟹笼、蟳笼、渔笼、螺笼、章鱼笼等，莆田地区称为土母笼。定置延绳倒须笼形状有圆柱体（占多数）和长方体。福建沿海的福鼎、福安、霞浦、罗源、连江、长乐、平潭、莆田、厦门、龙海、东山都有定置延绳倒须笼作业。

一、渔具作业和结构特点

定置延绳倒须笼壶渔具，蟳笼主要在江河口海淡水交汇区，水深 5～20 m 的泥沙或沙底质、底形平坦或略有坎沟但无礁石障碍的海区作业，现主要分布在九龙江口和闽江口等海淡水交汇区域，以龙海市和福州郊区琅岐的渔具数量为多。三疣梭子蟹笼壶作业在福建海区均有分布。章鱼笼壶作业主要分布在福建东山、厦门港内及沿岸水深 2～10 m 海域。

定置延绳倒须笼由钢筋制成扁圆柱体或长方体，外包聚乙烯网片，顶面的网片可活动打开或封闭，以便于在笼中放入饵料或取渔获物。笼体的侧面上设置 2～3 个诱导捕捞对象进入的入口。入口处装有外口大，内口小的漏斗网，称为倒须，使渔获物进笼容易出笼难。小杂鱼等新鲜饵料放入表面有孔的塑料盒中，吊挂在笼中。

1. 渔具规格

定置延绳倒须笼渔具主尺度根据不同的捕捞对象而设计，沿海采用的笼具体积相对较大，内陆较小。渔具主尺度有 0.88 $m^2 \times 0.25$ m、0.78 $m^2 \times 0.3$ m、0.28 $m^2 \times 0.3$ m、0.4 $m^2 \times 0.5$ m 等几种；笼体网目尺寸一般为 200～300 mm，入口处装配的倒须网目为 100～150 mm；作业时携带的笼数视渔船的大小而定，沿海的笼捕渔船功率大小不一，小的 20 kW，大的 300 kW，小功率渔船一般携带 500～800 个笼，大功率渔船带 1000～1500 个笼。内陆的笼捕渔船较小，水域范围有限，带笼数 50～300 个。图 3-8-4 为定置延绳倒须笼结构图。

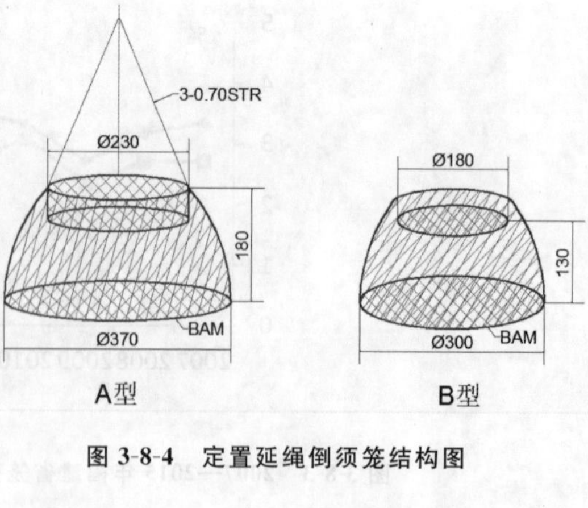

图 3-8-4 定置延绳倒须笼结构图

2.主要捕捞对象

主要捕捞蟹类、头足类和鱼类。蟹类主要有三疣梭子蟹、锈斑蟳、武士蟳、红星梭子蟹和日本蟳等，其他主要为短蛸、长蛸、鲚鱼等。

3.渔法特点

定置延绳倒须笼采用钢筋作为框架，制成圆柱体或长方体，外包聚乙烯网片，周边开2～3个横向扁平入鱼口，笼体中装置饵料盒放入饵料。由一条干绳结绑几十或几百条支绳，每条支绳结系一个笼，干绳两端用铁锚或石头定置于水底，诱集捕捞对象进入而捕获。图3-8-5为定置延绳倒须笼作业示意图。

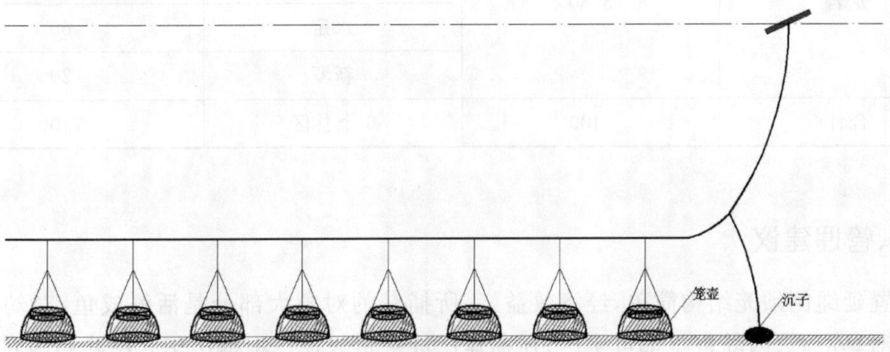

图 3-8-5　定置延绳倒须笼作业示意图

二、地区分布

据2009年调查，福建省沿海的定置延绳倒须笼共有590750只，分布较广，在5个地市中的7个县区有分布，以莆田市的湄洲岛管委会最多，有284000只，占48.07%。漳州市的东山县居第二位，有188000只，占31.82%。具体数据见表3-8-2。

表 3-8-2　福建省沿海定置延绳倒须笼地区分布

地市	渔具数量(只)	县区	渔具数量(只)
宁德	45000	霞浦	45000
福州	21000	平潭	21000
莆田	316760	城厢	1200
		湄洲岛管委会	284000
		秀屿	31560
厦门	19990	翔安	19990
漳州	188000	东山	188000
合计	590750	7个县区	590750

福建省内陆的定置延绳倒须笼相对较少，据2009年调查，福建省内陆的定置延绳倒须

笼只有7400只，分布在三明和龙岩市的6个县区，以龙岩市的上杭县最多，有3000只，占40.54%。三明市的尤溪县居第二位，有2500只，占33.78%。具体数据见表3-8-3。

表3-8-3 福建省内陆定置延绳倒须笼地区分布表

地市	渔具数量(只)	县区	渔具数量(只)
三明	3820	尤溪	2500
		大田	1320
龙岩	3580	上杭	3000
		连城	500
		永定	60
		新罗	20
合计	7400	6个县区	7400

三、管理建议

定置延绳倒须笼结构简单，经济效益好，所捕获的对象大部分是活鲜成鱼，对幼鱼损害小。该渔具沿海、内陆常年都可生产，在福建已成一定规模。根据中华人民共和国农业部通告【2013】1号《农业部关于实施海洋捕捞准用渔具和过渡渔具最小网目尺寸制度的通告》中的附件1“海洋捕捞准用渔具最小网目(或网囊)尺寸相关标准”的规定，“笼壶渔具的定置串联倒须笼最小网目25 mm”。目前渔具网目尺寸偏小，对幼鱼资源产生一定的破坏，因此，在利用笼壶渔业的过程，应按照上述标准，严格限制最小网目尺寸。

第五节 定置折叠倒须笼

定置折叠倒须笼亦称散布笼壶，俗称蜈蚣网、地龙网、火车网、串网。定置折叠倒须笼大多分布在福建宁德和厦门的沿海地区。该渔具平时折叠后绑成一捆，作业时拉伸像‘火车’又像‘蜈蚣’敷设在水域中。

一、渔具作业和结构特点

该渔具根据鱼、蟹类喜钻洞穴的习性，将若干规格相同的软式矩形框架笼具连成一体，形成长方形笼具矩阵，长方体两端封闭，作业时将笼具拉伸，固定于海底。笼具中有的装饵料，有的不装饵料，引诱鱼、蟹类进入而达到渔获的目的。该笼具是近几年发展起来的渔具。

1. 渔具规格

定置折叠倒须笼渔具主尺度有0.45 m^2×15 m、0.24 m^2×10 m、0.15 m^2×30 m、0.1 m^2×10 m等几种；笼体网目尺寸一般为200～250 mm，入口处装配的倒须网目大小100～150 mm；作业时渔船携带的笼数视渔船的大小和水域的宽窄而定，沿海地区单船带笼50～100个，内陆地区单船带笼20～50个。火车网渔具主尺度为0.15 m^2×30 m，笼体网目尺寸为 20 mm，入口处装配的倒须网目尺寸为 10 mm。作业时渔船携带笼数 50～100 个。图 3-8-6 为厦门火车网渔具结构图。

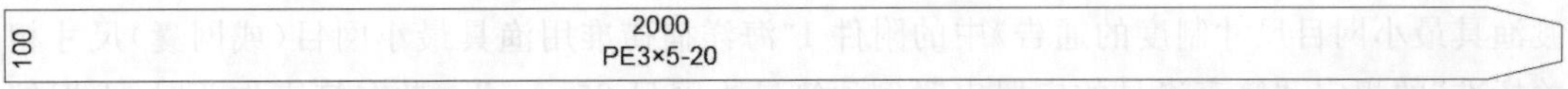

图 3-8-6　厦门火车网渔具结构图

2. 主要捕捞对象

捕捞对象有蟹类、鳗类、虾类、头足类、鱼类等，所捕的幼鱼比例占渔获总量的5%～10%。

二、渔法特点

定置折叠倒须笼由若干个直径 6～8 mm 钢筋做成规格相同的矩形框架，外包聚乙烯网片制作而成，每两个框架之间相隔 400～500 mm，用网线结绑固定，形成长带形笼具。两框架之间的左右两边各开一个横向扁平入鱼口，长带两端封闭。作业时将笼具拉伸，固定于水底，有的笼具中装有饵料，有的没装饵料，诱集鱼、虾、蟹类进入而达到捕捞目的。图 3-8-7 为定置折叠倒须笼壶作业示意图。

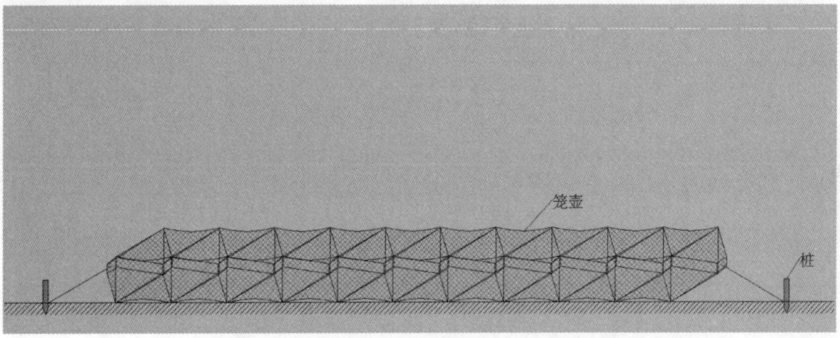

图 3-8-7　定置折叠倒须笼壶作业示意图

三、地区分布

福建省定置折叠倒须笼数量不多，主要分布在宁德市和厦门市。以宁德市的罗源县最多，有 2220 只，占 52.6%；厦门市的翔安 1500 只，占 35.55%，详见表 3-8-4。

表 3-8-4　福建省定置折叠倒须笼地区分布

地市	渔具数量(个)	县区	渔具数量(个)
宁德	2220	罗源	2220
厦门	2000	集美	500
		翔安	1500
合计	4220	3 个县区	4220

四、管理建议

根据中华人民共和国农业部通告【2013】1 号《农业部关于实施海洋捕捞准用渔具和过渡渔具最小网目尺寸制度的通告》中的附件 1“海洋捕捞准用渔具最小网目(或网囊)尺寸相关标准”的规定,“笼壶渔具的定置串联倒须笼最小网目 25 mm”。散布笼壶作业时,占据较大面积的海域,影响其他作业。同时,捕获的幼鱼比例较高,损害渔业资源。因此,应按照上述标准,严格限制最小网目尺寸。

第九章　杂渔具

据2009年调查，福建省捕捞业杂渔具数量有13718张(个、顶)，仅占全省捕捞渔具总数量的0.47%。其中，沿海捕捞渔具数量有11533张、内陆捕捞渔具数量有2185张，分别占杂渔具总数量的84.07%和15.93%。

第一节　捕捞原理及作业现状

福建省杂渔具有地拉网、敷网、抄网、掩罩及其他杂渔具5种类别。按渔具分类系统划分，福建杂渔具数量以敷网类渔具数量最多，渔具数量有1221张，占渔具总数量的8.09%；其次为地拉网类，渔具数量有830张，占渔具总数量的6.05%；抄网类居第三，渔具数量有632个，占4.61%；掩罩类位居第四，渔具数量有329顶，占2.40%；其他杂渔具合占78.04%(表3-9-1、图3-9-1)。

表3-9-1　福建杂渔具不同作业类型的渔具数量分布(单位:张、个、顶)

作业类型	地拉网类	敷网类	抄网类	掩罩类	其他杂渔具	合计
渔具数量	830	1221	632	329	10706	13718
%	6.05	8.90	4.61	2.40	78.04	100.0

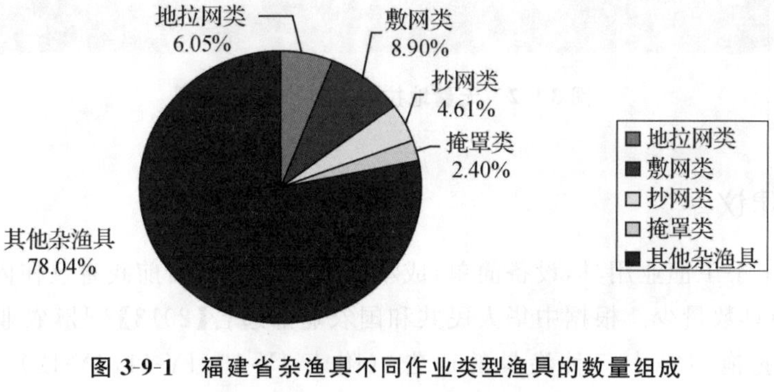

图3-9-1　福建省杂渔具不同作业类型渔具的数量组成

第二节　地拉网

福建省地拉网历史悠久，又称大拉网。20 世纪 80 年代，地拉网主要分布在我省沿岸，在岸边浅水水域作业，采用渔船或人工布设网具，渔船多为小型机动船(载重 1～2 t)。捕捞对象有沙丁鱼、丁香鱼和杂鱼虾等。然而，由于该种作业的产量低、生产规模小，随着沿岸资源的减少，作业逐渐萎缩，渔具数量急剧减少，目前仅内陆有少量作业单位，主要捕捞草鱼、鲤鱼、鲫鱼、鲢鱼等。据 2009 年调查统计，全省仅有渔具数量 830 张，均为无囊地拉网，只在我省内陆地区江河、湖泊中生产。

一、渔具作业和结构特点

我省无囊地拉网主要分布于龙岩市的长汀、上杭、连城等内陆地区。长汀地区渔具主尺度为：高 5 m、长 30 m，最小网目尺寸为 20 mm；上杭地区渔具主尺度为：高 4 m、长 100 m，最小网目尺寸为 30 mm；连城地区渔具主尺度为：高 3.5 m、长 50 m，最小网目尺寸为 10 mm。

无囊地拉网兼有拖、围两种作用，包围水面大，能捕各种经济鱼类。捕捞效率较高，渔获物质量好。无囊地拉网网具大，捕捞规模大，要求渔场水面宽广，底形平坦。但无囊地拉网作业劳动强度大，参加作业人较多，要求操作熟练，分工明确，协调配合。无囊地拉网还可与其他渔具(如赶、拦、刺等方式)配合作业，使鱼群相对集中，能更有效地提高捕鱼效率，图 3-9-2为无囊地拉网的作业示意图。

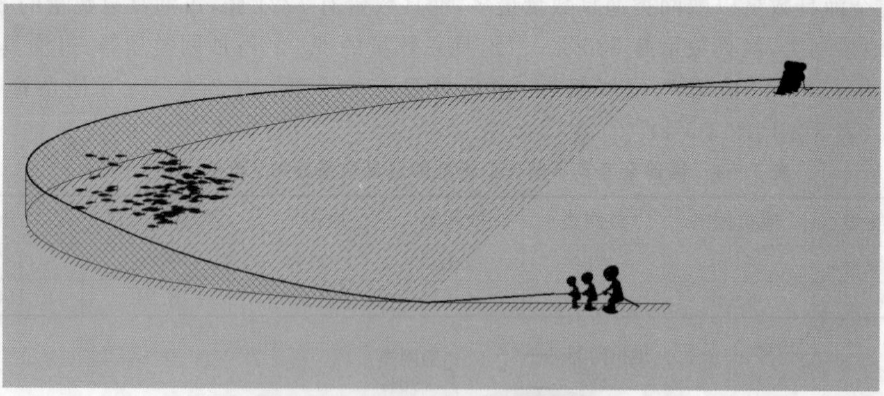

图 3-9-2　无囊地拉网渔具作业示意图

二、管理建议

地拉网属于手工渔业用具，设备简单，成本低，操作方便，目前我省仅在内陆作为捕捞淡水鱼的渔具，渔具数量少。根据中华人民共和国农业部通告【2013】2 号《农业部关于禁止使用双船单片多囊拖网等十三种渔具的通告》(附表 JY-10，JY-11，JY-12)，地拉网类禁止使用。

第三节　敷网

敷网类渔具作业时先将网具敷设在水中利用灯光，等待、诱集捕捞对象进入网内，然后将网具拉提在水面，捞取渔获物。传统的敷网作业一般在近岸，浅海捕捞小型上层鱼类。随着海洋捕捞业的发展，敷网作业渔船功率、吨位、网具不断增大，渔场转移扩大，目前已成为福建海洋捕捞的主要作业之一。该渔具主要以捕捞枪乌贼、鲐、鲹鱼类为主。

全省拥有敷网类渔具1221张，沿海787张，占全省敷网类渔具总数的64.46%，其中船敷光诱敷网532张，撑架敷网255张；内陆434张，占全省敷网类渔具总数的35.54%，大部分为撑架岸敷敷网。福建敷网类作业方式仅有船敷光诱敷网和撑架敷网两种。

一、船敷光诱敷网

船敷光诱敷网俗称鱿鱼敷网、鱼敷缯，简称光诱敷网。福建省的光诱敷网是在20世纪80年代，从台湾引进并进一步发展起来的，作为张网和流刺网等小型渔船的季节性兼轮作渔具。20世纪70年代末80年代初，随着一些主要经济鱼种资源的衰退，人们开始将目光转向资源相对还比较丰富的头足类。这期间，福建省的晋江、石狮等地相继试验多种方法来捕捞鱿鱼。1984年，福建省水产厅下达了“鱿鱼资源调查和渔具渔法研究”项目，项目组在借鉴台湾光诱敷网网具结构、作业优点的基础上，在石狮的东浦村试验成功了光诱鱿鱼敷网渔具，取得很好的经济效益。由于该作业具有投资少、成本低、劳动强度小、操作方便、经济效益高等优点，发展速度相当快。该作业从1985年开始在定置网渔船、流刺网渔船等小型的机动渔船中推广应用，到1991年仅在石狮市就发展光诱敷网渔船161艘，产量1326 t。进入21世纪，该种作业迅速在闽南、闽中和闽东地区发展，到2007年，福建省的光诱敷网船达380艘，总产量达2.50×10^4 t，近10年来有所下降，到2015年，福建省的光诱敷网船达333艘，总产量达2.15×10^4 t(图3-9-3)。

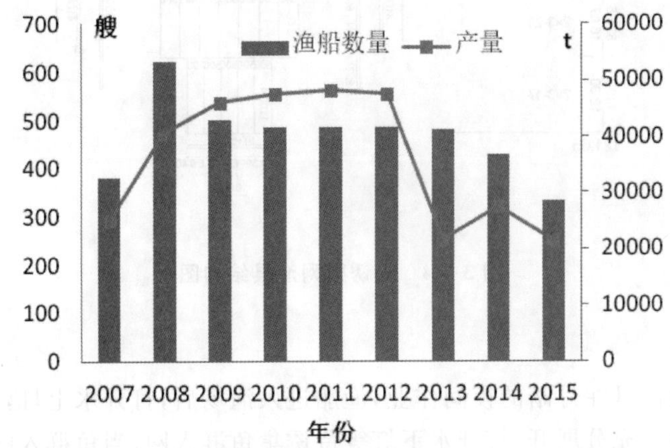

图3-9-3　2007—2015年福建省光诱敷网渔船数量和产量的变化

(一)渔具作业和结构特点

敷网作业原理是将渔具敷设在鱼、虾等栖息的水域，等待、诱集或驱赶捕捞对象进入网的上方，提升网具达到捕捞目的。该作业历史悠久，网具结构简单，生产规模小，曾为沿岸渔民生产工具。传统的敷网是一种被动型的渔具，生产效率低，局限性大，已经逐渐被其他类型的渔具所取代。该类渔具中的船箕状敷网(下称光诱敷网)参照远洋鱿钓的光诱设备和技术，提高灯光功率，扩大光诱范围，从而提高捕捞效率。开始时由于作业渔船功率小，抗风能力差，网具规格小，只能在沿岸浅水区生产。近年来，通过渔具试验改革，渔船功率不断增加，网具规格不断加大，灯光强度不断增强，作业水深不断加深，生产范围已扩大到近海渔场。目前光诱敷网已是福建省一种主要海洋捕捞方式。在夏、秋汛生产，主要捕捞枪乌贼和中上层鱼类。目前我省光诱敷网渔具的主尺度有 102 m×78 m×100 kW[100 盏(每盏 1 kW下同)]、140 m×100 m×120 kW、155 m×100 m×120 kW、175 m×105 m×180 kW、180 m×120 m×200 kW 等；网目尺寸为 30～50 mm，囊网网目尺寸为 15～20 mm；作业时每艘渔船携带一张网具，网具的主尺度大小和灯光强度根据渔船功率、吨位相应配置。光诱敷网的渔具结构图见图 3-9-4。

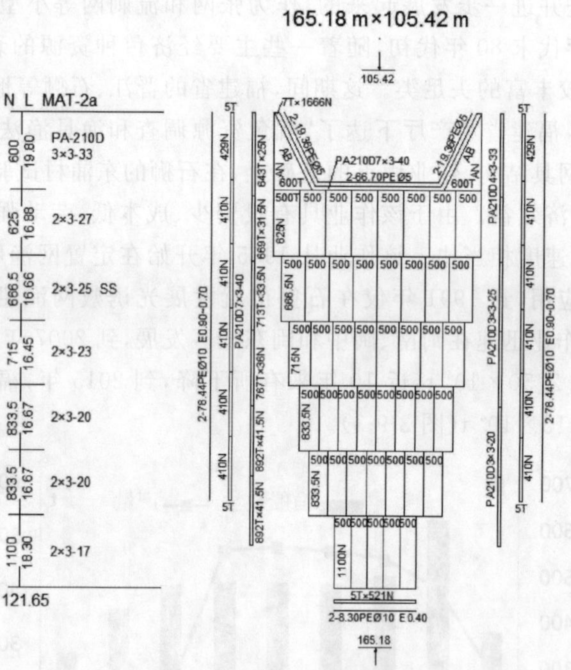

图 3-9-4 光诱敷网渔具结构图

(二)渔法特点

船敷光诱敷网渔具在月暗的夜间作业，渔船进入渔场后，打开水上灯，顶风放网，放网后顺流或开慢车使网衣充分展开，打开水下灯等待诱集鱼群入网，当鱼群入网后逐渐熄灭水下灯，只留一盏诱鱼灯由灯船拉引渔获进入网具中部，收绞上下纲鱼入网袋后取鱼。水上灯的光强视渔场环境而定，有时只打开三分之一，有时开一半，有时开 80%或全开。捕捞技术要点：

(1)将渔船周围的鱼群诱导到船艉较上层水域,并诱入网内,是敷网作业的技术关键。因此必须把握:关熄水下灯的速度不能太快;网具在水中要保持良好的扩张状态;导鱼灯要采用可调光源,在导鱼灯向网内移动前须调弱光强,使渔船周围和较深水层的鱼群向导鱼灯集结,然后缓慢将其导入网内;在下纲提离水面前,应尽量减少主机动车,避免螺旋桨激起的噪声和水流惊吓鱼群;绞收下纲要迅速,以达到尽快封闭底网,防止鱼群从下纲逃逸。

(2)要充分利用暗夜和黄昏最佳作业时间。因月光夜期间及下半夜诱鱼效果较差,所以渔船返航及出售渔获应安排在月光夜期间,夜间作业如遇产况差须转移渔场,应尽量短距离转移,避免浪费作业时间。其作业示意图如图 3-9-5 所示。

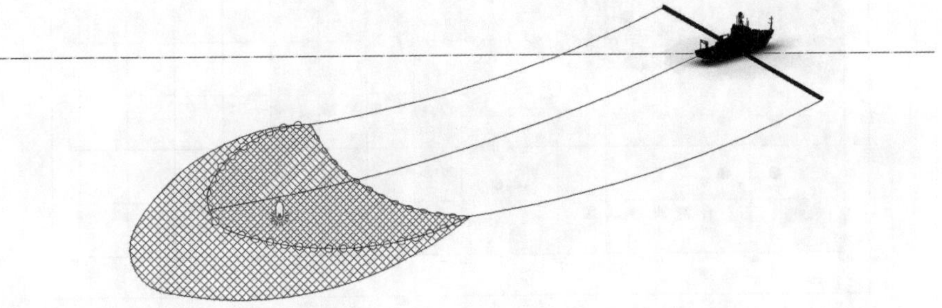

图 3-9-5　光诱敷网作业示意图

(三)主要渔场、渔期和渔获物组成

1. 主要渔场、渔期

福建的鱿鱼敷网作业渔场遍布整个台湾海峡,鱼发面积广,尤其旺季时,各渔区均能获得较高的产量。一般整年都能捕鱿鱼,而形成汛期是 5～10 月。因海峡南北部的环境条件不同,渔汛期的长短、高渔获量的出现时间也有所差异。就中心渔场的位置来说,主要以海峡中、南部为主有,具体有如下几个渔区:

(1)海峡南部渔场:范围为 22°10′～23°00′N,该渔场有两个汛期,5～6 月为春汛,以 5 月为旺季,主要捕捞春季产卵群体;7～10 月为夏秋汛,以 8 月为旺季,主要捕捞秋季产卵群体。高产区主要集中在 315、316 等渔区,该渔区既是春汛鱿鱼的密集区,也是夏秋汛的中心渔场之一。

(2)海峡中部渔场:范围在 23°00′～24°00′N 之间。该渔场虽然也有春汛和夏秋汛,但春汛渔期短,鱼发范围小;夏秋汛的 7～9 月是主要的渔汛期,以 9 月份为旺季。该渔场的 292、303、304 等渔区是夏秋汛鱿鱼的高产区,又是产卵区。

(3)海峡北部渔场:范围在 24°00′～25°00′N 之间。该渔场仅有一个渔汛期,即夏秋汛的 7～9 月,以 8 月为旺汛。该渔场的 273、283 等海区是夏秋汛的高产区(图 3-9-6)。

2. 渔获物组成

根据 2001 年的调查情况,2 艘调查船出海生产 116 个夜晚,捕捞鱼类 42308 kg,其中枪乌贼占 64.15%,鱼类和其他种类占 35.85%。采集 12 批渔获样品,重量 142.068 kg,35 个品种,经测定分析,其中头足类 9 种、鱼类 25 种、甲壳类 1 种。样品比重占 1%以上的优势

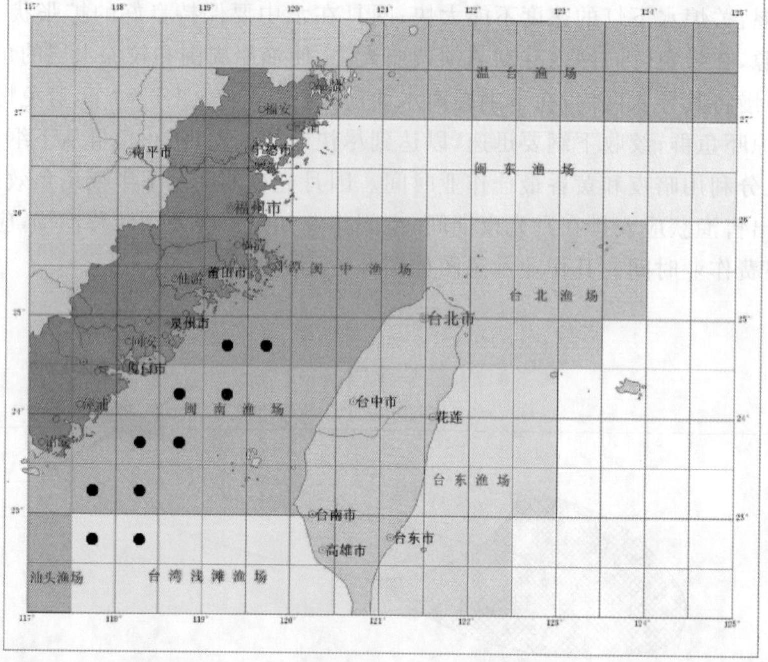

图 3-9-6 福建省光诱敷网作业渔场图

种类有 8 种，分别是：杜氏枪乌贼 58.26%，中国枪乌贼 13.88%，火枪乌贼 6.73%，小管枪乌贼 1.94%，带鱼 2.46%，黄鲫 7.3%，短尾大眼鲷 1.76%，蓝圆鲹 1.62%，横带扁颌针鱼 1.09%。在样品出现率中，杜氏枪乌贼占绝对优势，抽样 12 次出现了 11 次，而且数量都很大；次之是中国枪乌贼也是出现过 11 次；火枪乌贼位居第三，六月、七月份的 4 次抽样都有出现，八月份开始就不再出现。所出现的 25 种鱼类中大多数是中上层渔类，特别是趋光性较强的鲐、鲹鱼类和鲱科鱼类。详见表 3-9-2。可见，光诱鱿鱼敷网的主要捕捞对象为枪乌贼和中上层鱼类。

表 3-9-2 2001 年光诱鱿鱼敷网主要渔获物组成情况

种类	杜氏枪乌贼	中国枪乌贼	火枪乌贼	小管枪乌贼	黄鲫	带鱼	短尾大眼鲷	蓝圆鲹	横带扁颌针鱼
重量合计(g)	82768	19720	9555	2755	10376	3495	2505	2302	1550
占比例(%)	58.26	13.88	6.73	1.94	7.30	2.46	1.76	1.62	1.09
尾数合计(尾)	2229	412	723	306	548	20	258	54	4
平均重量(g)	36.00	47.86	13.22	9.00	18.93	174.75	9.71	42.63	387.5

(四)地区分布

光诱敷网主要分布在我省的 5 个沿海市的 9 个县区和 2 个内陆市的 2 个县。渔具总数有 821 张，其中沿海地区有 761 张，占总数的 92.69%，内陆有 60 张，占 7.31%；泉州市最多，达 298 张，占总数的 36.30%，宁德次之，有 240 张，占 29.23%；从县区分布看，福鼎市最多，达240张，占总数的29.23％，石狮市次之，有225张，占27.4％。具体如表3-9-3所示。

表3-9-3　福建省光诱敷网渔具数量分布表（单位：张）

地市	渔具数量	县区	渔具数量
宁德	240	福鼎	240
		霞浦	140
福州	135	平潭	64
		连江	71
莆田	41	湄洲岛管委会	1
		秀屿	40
泉州	298	惠安	73
		石狮	225
漳州	47	东山	47
三明	45	清流	45
龙岩	15	武平	15
合计	821	11个县区	821

（五）发展前景及渔业管理

1.光诱敷网渔业资源特点

枪乌贼是支撑着光诱敷网作业产量及其经济效益最重要的经济种类。2003年以后，福建省捕捞的枪乌贼产量明显增多，并且一直维持在5×10^4 t以上。当然，这与光诱敷网作业生产规模增大、作业海区的扩展有关，但更重要的是因为当前传统主要底层经济鱼类资源衰退，为其提供了广阔的生存空间和丰富的饵料生物，加上枪乌贼本身的生物学特性确保了其资源量的相对稳定性。在光诱敷网作业渔获物中，枪乌贼所占比例变化很小，且有上升趋势。但因枪乌贼生命周期短，一般为一年生，几乎全是利用补充群体，很容易因捕捞过渡引起年间渔获量大幅度波动。

2.科学利用光诱鱿鱼敷网作业

光诱鱿鱼敷网作业具有投资少、生产费用低、劳动强度小、捕捞效率好等特点，是捕捞枪乌贼、鲐鱼、蓝圆鲹和金色小沙丁鱼等中上层鱼类较有效的作业方式。其渔具及其作业方式对经济幼鱼和渔场底层环境损害程度比拖网作业小得多，并且生产汛期渔获的鲐、鲹鱼类生殖个体不多，有利于对亲鱼资源的保护。但是，由于该作业诱集鱼类的灯光强度不断加大，诱集的幼鱼比例不断增加，光诱敷网作业从原来在本地区的沿岸生产，发展到跨地区生产，造成了渔场的矛盾，因此应加强对该作业的管理，合理安排生产渔场。

3.控制光诱渔具的灯光强度

光诱渔具（包括灯光围网和光诱敷网）主要捕捞鲐、鲹等中上鱼类及鱿鱼等。渔民为了提高捕捞效果，通过不断增加灯光强度来诱集鱼群。目前，有的灯光围网渔船装配了300 kW以上灯光强度。由于幼鱼趋光性更强，这样，在诱集鱿鱼和中上鱼类、成鱼的同时，也诱集了大量的幼鱼，损害大量幼鱼资源。根据厦门大学何大仁教授的实验，在3000 lx强光下，灯光会对仔、稚、幼鱼造成严重刺激，产生"光晕旋""光休克"反应。为了减轻灯光强度对幼鱼的损害，光诱渔具作业应严格遵守福建省海洋渔业局 2007 年公布的"福建省渔业捕捞禁止和限制使用的渔具渔法目录"中的有关规定，单船的灯光强度应控制在 250kw 以内。

4. 加强科学调查监测

加强光诱敷网作业常年监测调查，及时掌握渔业生产动态和资源动态，提出每年最佳捕捞量，为保证枪乌贼资源可持续利用提供依据和管理模式。尤其闽东北外海地处闽、浙、台交界，属于公海范畴，另据了解在调查海区外侧的 229、、230、239、240、249、250、231、241、251 渔区(26°30′～27°30′N，122°00′～123°30′)每年 7～10 月，有日本、港台等渔船从事捕鱿作业。因此，在闽东北外海开展捕鱿生产，既是利用自家门口的渔业资源，又是参与国际海洋权益竞争，今后应加强枪乌贼渔业资源动态监测，根据其资源的动态，及时调整捕捞力量，提高竞争能力。

5. 开展综合加工研究，提高产品价值

中国枪乌贼营养丰富，肉质鲜美，在夏秋季，温度高，鱼货不易保鲜，质量常受影响。目前国内的枪乌贼以保鲜和干制品畅销于海鲜市场，但国外市场则有多种加工产品上市。另枪乌贼的肝脏、性腺都比较发达，生殖季节时肝脏、性腺约占鱼体总重的三分之一，目前枪乌贼内脏尚未加工利用等，因此应开展保鲜技术和综合加工的研究，提高产品的价值。

6. 开展海峡两岸渔业合作，携手养护枪乌贼资源

枪乌贼资源是海峡两岸共同利用的资源，应开展海峡两岸渔业技术交流和合作，与台湾渔业界人士多取得联系，争取两岸渔业管理部门携手共同管理和养护该渔场的枪乌贼资源。

7. 根据中华人民共和国农业部通告【2013】1 号《农业部关于实施海洋捕捞准用渔具和过渡渔具最小网目尺寸制度的通告》中的附件 1，船敷箕状敷网准用，最小网目尺寸为 35 mm。

二、岸敷式撑架敷网

岸敷式撑架敷网俗称灯光诱捕缯(分布在内陆的水库)、吊缯(分布在沿海地区的岸边)。岸敷式撑架型敷网是岸敷网的一种作业方式，可全年作业。岸敷撑架敷网属近岸小型渔具，为沿岸渔民或农民的副业生产工具，夜间辅以灯光，捕捞小型鱼蟹类。

(一)渔具作业和结构特点

岸敷式撑架敷网是一种固定敷网作业，属被动性渔具。网具敷设在水流较缓的岸边，等待渔获入网起网捕捞，其结构简单，操作简便，捕捞小型中上层鱼类。网具为长方形网箱状，灯光诱捕缯渔具主尺度有 10 m×10 m、15 m×15 m、25 m×25 m、30 m×30 m、40 m×40 m 不等；灯光强度为 0.2～0.5 kW；网箱网衣目大 20～30 mm；吊缯渔具主尺度有 9 m×6 m、15 m×12 m，网衣目大 20～30 mm，不设灯光，水库的撑架敷网携带数量 1～2 个，岸边吊缯 1 人 1 个。撑架敷网由支架外包网衣或支持索组成，做成正方体网箱状(顶面不装置网衣)，箱内装有若干个灯泡，敷设于水域中诱集鱼虾进入网箱内部，后用葫芦收绞吊纲快速将网箱升起水面，鱼虾滞留于箱内，达到捕捞目的，该渔具多数分布于内陆水库，常年可生产。幼鱼比例40%～50%。岸边吊缯作业时用双杆将长方形网衣撑开设置水域中，等待渔获入网后迅速将网衣吊离水面而捕获。图 3-9-7 为岸边撑架敷网作业示意图。

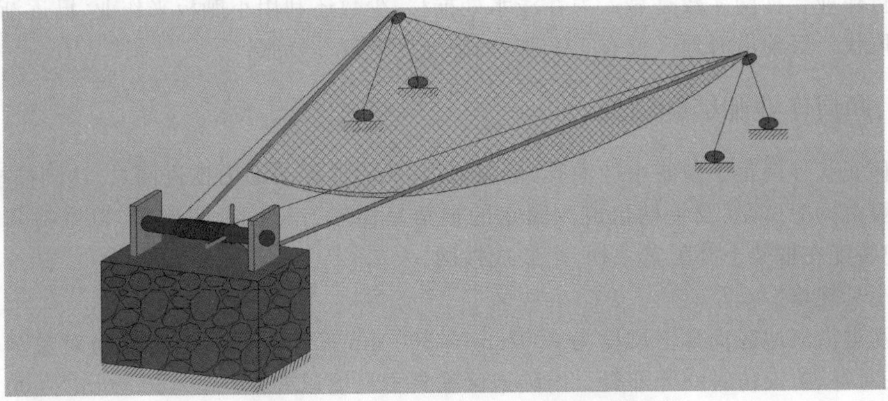

图 3-9-7　岸边撑架敷网作业示意图(吊缯)

(二)地区分布

岸敷撑架敷网主要分布在我省的 1 个沿海市的 1 个县级市和 1 个内陆市的 3 个县。渔具总数有 355 张,其中沿海地区有 25 张,占总数的 7.0%,内陆有 330 张,占 93.0%;龙岩市最多,达 330 张,占总数的 93.0%;从县区分布看,连城县最多,达 200 张,占总数的 56.34%,具体如表 3-9-4 所示。

表 3-9-4　福建省岸敷撑架敷网数量地区分布表(单位:张)

地市	渔具数量	县区	渔具数量
泉州	25	南安市	25
龙岩	330	连城县	200
		上杭县	80
		长汀县	50
合计	355	4 个县市	355

(三)管理建议

岸敷式撑架敷网主要捕捞栖息于江河口及岸边小型上层鱼类,分布在沿海数量不多,属近岸小型渔具,常年可生产。幼鱼比例 15%。渔具结构简单、捕捞强度低。根据中华人民共和国农业部通告【2013】1 号《农业部关于实施海洋捕捞准用渔具和过渡渔具最小网目尺寸制度的通告》中的附件 1,撑架敷网最小网目尺寸为 35 mm。

第四节　抄网

抄网渔具是一种沿岸作业的小型滤水性渔具,抄网渔具作业历史悠久,是较为原始的作业方式。抄网类一般由网兜、框架及手柄组成,以手推舀取的方式捕捞岸边或浅滩处的小型鱼虾类。这类渔具广泛分布于沿岸海边、河边,是一种非专业性的生产工具,捕捞效率低,劳动强度较大。为了提高捕获率,有的在晚上借助手提式火篮利用光诱来抄取渔获,有的在石芦里进行作业。抄网多数是靠人力在浅水处推移，少数还利用小舢板来作业，已逐渐被其他渔具所取代。目前沿海地区仅有132张，内陆地区有近500张。

一、渔具作业和结构特点

推移兜状抄网是小型滤水性渔具，依靠人力、风力或船舶动力推进网具，达到捕捞目的。渔具一般由网兜、框架及手柄组成。固定的框架呈梯形、三角形、圆形等，以维持其平面扩张，网兜装配在框架上并配置手柄，组装成抄网。

1. 渔具规格

抄网类沿海地区渔具主尺度为800 mm×800 mm×800 mm，主要捕捞对象为日本对虾、长毛对虾、哈氏仿对虾等虾类。内陆地区渔具主尺度以600 mm×600 mm×600 mm为主。图3-9-8为推移兜状手抄网渔具结构图。

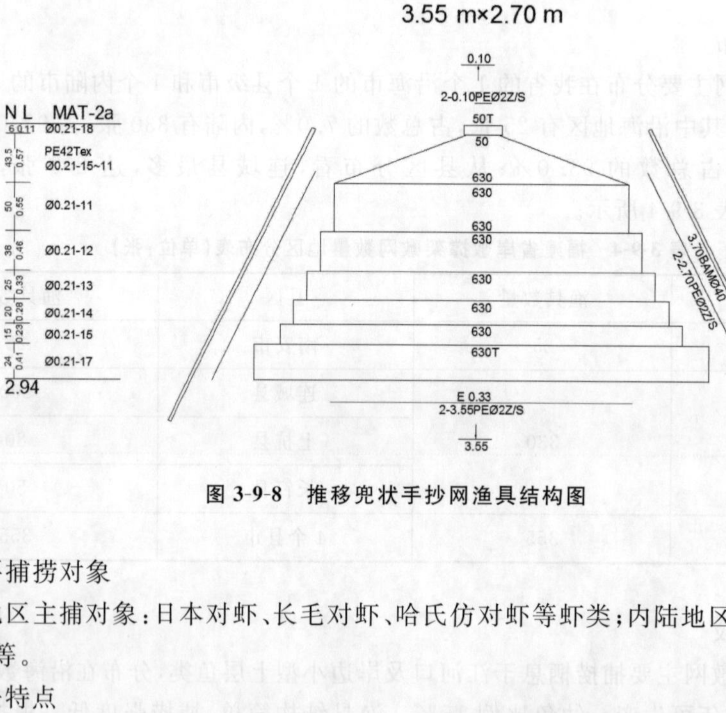

图3-9-8 推移兜状手抄网渔具结构图

2. 主要捕捞对象

沿海地区主捕对象：日本对虾、长毛对虾、哈氏仿对虾等虾类；内陆地区主捕对象：草鱼、鲤鱼、鲫鱼等。

3. 渔法特点

推移兜状抄网为单人作业，作业时先把网衣及缯杆等各部分装配好，作业人员穿上防水衣，背上鱼篓，放下腰缯，两支缯杆叉开，缯杆头部的交叉处放在腹部，两手分开握住左右缯杆，靠腹部和双手把渔具推走。每隔5～10分钟起网取鱼，图3-9-9为推移兜状抄网作业示意图。

二、地区分布

抄网渔具捕捞效率低，劳动强度较大，多数是靠人力在浅水处推移，少数还利用小舢板来作业，已逐渐被其他渔具所取代。目前渔具数量少，沿海地区仅有分布在宁德福鼎市的132张网，内陆地区只有分布在龙岩市长汀县的500张网。

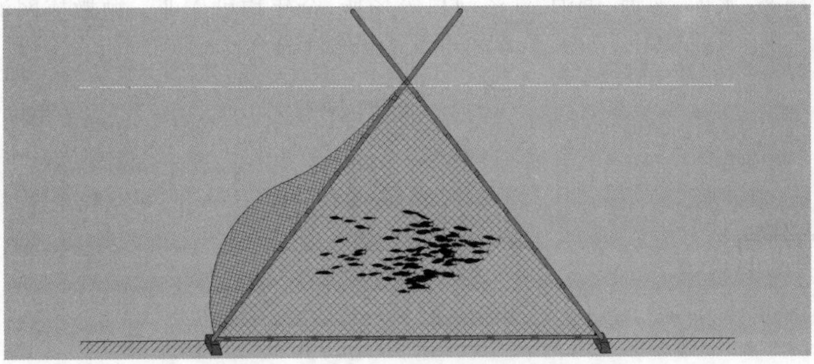

图 3-9-9　推移兜状抄网作业示意图

表 3-9-5　福建省抄网渔具地区分布表(单位:张)

地市	渔具数量	县市	渔具数量
宁德	132	福鼎	132
龙岩	500	长汀	500
合计	632	2 个县市	632

三、管理建议

按照渔具结构和作业方式仅有推移兜状抄网一种。其生产成本低,技术性不强,捕捞效能低、渔具数量少,一直作为沿海地区副业生产渔具,对经济幼鱼幼体资源损害不大。根据中华人民共和国农业部通告【2013】1 号《农业部关于实施海洋捕捞准用渔具和过渡渔具最小网目尺寸制度的通告》和 2 号《农业部关于禁止使用双船单片多囊拖网等十三种渔具的通告》,未对抄网类渔具做任何规定。

第五节　掩罩类

掩罩类俗称撒网、手撒网、手抛网等,是我省分布较广的小渔具。它是一种从上而下罩捕鱼类的锥形网具。一般在下纲附近设有兜状褶边以装容渔获。按作业方式来划分,本省的掩网只有抛撒掩网掩罩网 1 种。

根据福建省捕捞业渔具渔法调查统计结果,全省掩罩类渔具共有 329 张,全部是内陆捕捞掩罩类渔具,没有调查统计到海洋捕捞掩罩类渔具。目前在内陆捕捞掩罩类渔具中只有掩网一种结构型式,作业方式也仅有抛撒掩网一种。

一、渔具作业和结构特点

1. 渔具规格

渔具主尺度范围为 10.2 m×4 m 至 36 m×6.5 m;单船渔具携带数量 1 张;生产渔场在

海湾、海滨、岸旁、水库、池塘、湖泊、江流河口等场所，全年均可作业。抛撒掩网渔具如图 3-9-10 所示。

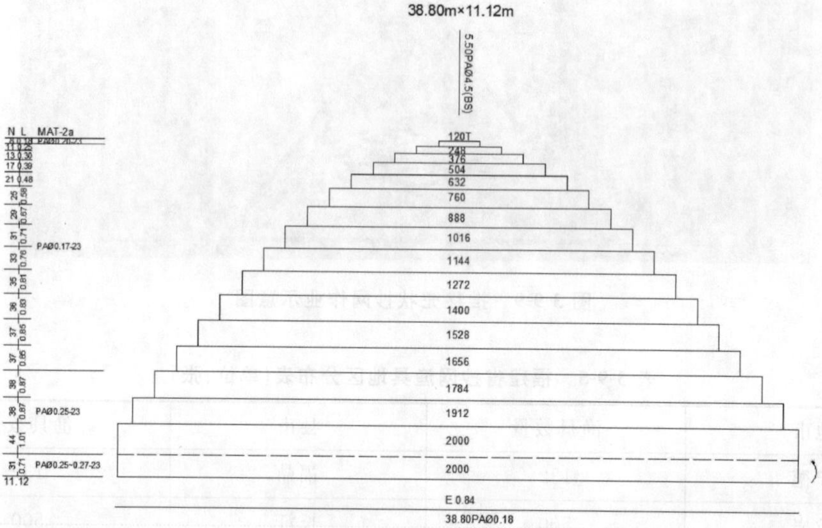

图 3-9-10　抛撒掩网渔具结构图

2. 主要捕捞对象

主捕对象为淡水鱼类，如鲤鱼、草鱼、鲫鱼、罗非鱼及鲶鱼等。抛撒掩网捕获的大多为成鱼，幼鱼所占的比例较低。

3. 渔法特点

抛撒掩网的渔法主要是：由单人、单船或数船组合进行作业，把网具抛撒入水里复罩在鱼群上，而渔获于网袋中。该网可在岸边一人作业，也可在船上两人作业。船上作业时，一人划船掌握方向，一人站船头撒网。撒网前把网整好，将手纲端环套在左手手腕上，手纲一圈圈叠好握在手上，右手提着网向前上方抛出，形成伞状网罩叩入水中，待网口完全沉底后，慢慢提起手纲，直至将网提到船上取出渔获物即可。图 3-9-11 为抛撒掩网作业示意图。

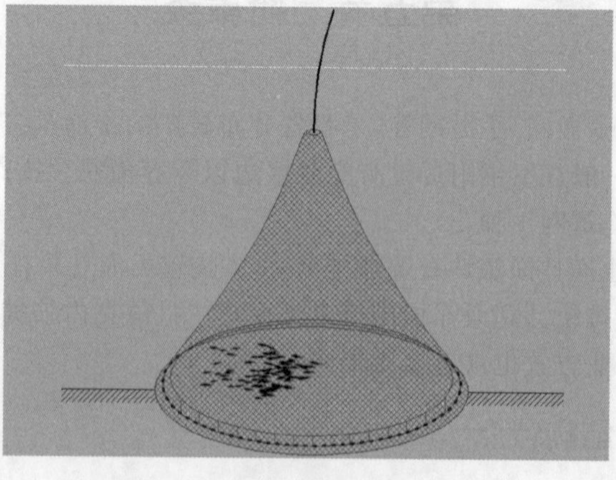

图 3-9-11　抛撒掩网作业示意图

二、地区分布

抛撒掩网渔具产量低、生产规模小，目前渔具数量少，内陆地区只有分布在三明市 2 个县 113 张网和龙岩市 6 个县的 216 张网。

表 3-9-6 抛撒掩网渔具数量分布表(单位:张)

地市	渔具数量	县区	渔具数量
三明	113	沙县	60
		三元	53
龙岩	216	长汀	80
		上杭	50
		新罗	30
		漳平	26
		连城	20
		永定	10
合计	329	8 个县	329

三、管理建议

抛撒掩网是一种较为小型的、古老的传统捕捞渔具，具有悠久的历史，分布于我省沿海及内陆各地。近年来，由于沿海渔业资源的衰退及其他因素的影响，沿海的抛撒掩网已经很少，目前只有内陆地区还有一定的数量。

抛撒掩网是既适应海湾、海滨、岸旁、江流河口等范围小、底质不好、地形复杂、鱼群密集的渔场作业，又可对栖息在河道、湖泊、水库、池塘、山塘及人造渔场里的鱼类进行有效捕捞的渔具。该渔具结构简单，操作方便，但产量较低，可与其他渔具兼作为佳。根据中华人民共和国农业部通告【2013】1 号《农业部关于实施海洋捕捞准用渔具和过渡渔具最小网目尺寸制度的通告》和 2 号《农业部关于禁止使用双船单片多囊拖网等十三种渔具的通告》，未对抛撒掩网类渔具做任何规定。

第六节 漂流多层帘式敷具

漂流多层帘式敷具俗称飞鱼帘，是 20 世纪 90 年代发展起来的一种新兴作业渔具，主要分布在福建省泉州沿海地区。在已查明的其他杂渔具类中，我省沿海地区飞鱼卵草帘渔具数量有 1650 张，占杂渔具类渔具总数量的 12.02%。

一、渔具作业与结构特点

漂流多层帘式敷具是一种船敷作业渔具，利用飞鱼在繁殖季节生殖群体具有很强的趋光性，夜间喜欢躲在植物纤维阴影内产卵习性，所产鱼卵带有浓粘液体易附着在纤维面及缝隙里，根据这一特点，使用草包可有效地采捕到飞鱼科鱼卵，达到捕捞目的。我省泉州俗称的飞鱼帘是利用燕鳐鱼产卵特性，把渔具敷设于燕鳐鱼产卵海区，诱集鱼群在渔具中产卵，达到捕捞燕鳐鱼鱼卵的目的。飞鱼帘的渔具主尺度为 1.5 m×0.45 m×1 m。主要在闽东外海及温外渔场作业，渔期为 4 月下旬至 7 月上旬。图 3-9-12 为漂流多层帘式敷具结构示意图。

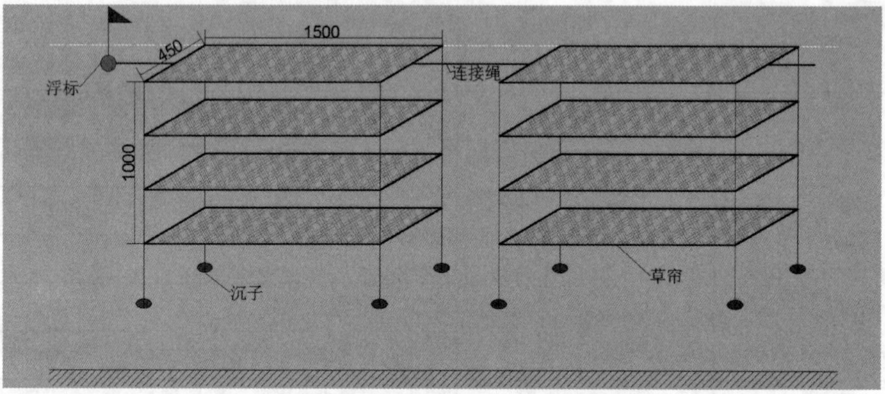

图 3-9-12　漂流多层帘式敷具结构示意图

二、管理建议

漂流多层帘式敷具生产投入少、产值高，台湾地区也在开发利用。但是对资源量及可利用量尚不清楚。根据中华人民共和国农业部通告【2013】1 号《农业部关于实施海洋捕捞准用渔具和过渡渔具最小网目尺寸制度的通告》和 2 号《农业部关于禁止使用双船单片多囊拖网等十三种渔具的通告》，未对漂流多层帘式敷具做任何规定。

附 录

中华人民共和国农业部
通告

农业部通告【2013】1号

农业部关于实施海洋捕捞准用渔具和过渡渔具最小网目尺寸制度的通告

为加强捕捞渔具管理，巩固清理整治违规渔具专项行动成果，保护海洋渔业资源，根据《中华人民共和国渔业法》《渤海生物资源养护规定》和《中国水生生物资源养护行动纲要》，农业部决定实施海洋捕捞准用渔具和过渡渔具最小网目尺寸制度。现通告如下：

一、实行时间和范围

自2014年6月1日起，黄渤海、东海、南海三个海区全面实施海洋捕捞准用渔具和过渡渔具最小网目尺寸制度，有关最小网目尺寸标准详见附件1、2。

二、主要内容

（一）根据现有科研基础和捕捞生产实际，海洋捕捞渔具最小网目尺寸制度分为准用渔具和过渡渔具两大类。准用渔具是国家允许使用的海洋捕捞渔具，过渡渔具将根据保护海洋渔业资源的需要，今后分别转为准用或禁用渔具，并予以公告。

（二）主捕种类为颚针鱼、青鳞鱼、梅童鱼、凤尾鱼、多鳞鱚、少鳞鱚、银鱼、小公鱼等鱼种的刺网作业，由各省（自治区、直辖市）渔业行政主管部门根据此次确定的最小网目尺寸标准实行特许作业，限定具体作业时间、作业区域。拖网主捕种类为鳀鱼，张网主捕种类为毛虾和鳗苗，围网主捕种类为青鳞鱼、前鳞骨鲻、斑鰶、金色小沙丁鱼、小公鱼等特定鱼种的，由各省（自治区、直辖市）渔业行政主管部门根据捕捞生产实际，单独制定最小网目尺寸，严格限定具体作业时间和作业区域。上述特许规定均须在2014年4月1日前报农业部渔业局备案同意后执行。各地特许规定将在农业部网站上公开，方便渔民查询、监督。

（三）各省（自治区、直辖市）渔业行政主管部门，可在本通告规定的最小网目尺寸标准基础上，根据本地区渔业资源状况和生产实际，制定更加严格的海洋捕捞渔具最小网目尺寸标准，并报农业部渔业局备案。

三、测量办法

根据GB/T 6964—2010规定，采用扁平楔形网目内径测量仪进行测量。网目长度测量时，网目应沿有结网的纵向或无结网的长轴方向充分拉直，每次逐目测量相邻5目的网目内径，取其最小值为该网片的网目内径。三重刺网在测量时，要测量最里层网的最小网目尺寸；双重刺网要测量两层网中网眼更小的网的最小网目尺寸。各省（自治区、直辖市）渔业行政主管部门可结合本地实际，在上述规定基础上制定出简便易行的测量办法。

四、有关要求

（一）2014年6月1日之前，小于最小网目尺寸的捕捞渔具所有者、使用者须按上述标准尽快调整和更换，执法机构仍按国家已有网目尺寸规定进行执法。

（二）自2014年6月1日起，禁止使用小于最小网目尺寸的渔具进行捕捞。沿海各级渔业执法机构要根据本通告，对海上、滩涂、港口渔船携带、使用渔具的网目情况进行执法检查。对使用小于最小网目尺寸的渔具进行捕捞的，依据《渔业法》第三十八条予以处罚，并全部或部分扣除当年的渔业油价补助资金。对携带小于最小网目尺寸渔具的捕捞渔船，按使用小于最小网目尺寸渔具处理、处罚。

（三）严禁在拖网等具有网囊的渔具内加装衬网，一经发现，按违反最小网目尺寸规定处理、处罚。

（四）2014年3月1日起，新申请或者换发《渔业捕捞许可证》的，须按照本通告附件所列渔具名称和主捕种类规范填写。同时，对农业部公告第1100号、第1288号关于《渔业捕捞许可证》样式中“核准作业内容”进行适当调整，详见附件3。

（五）本通告自2014年6月1日起施行，2003年10月28日发布的《中华人民共和国农业部关于实施海洋捕捞网具最小网目尺寸制度的通告》（第2号）同时废止。

特此通告

附件：

1.海洋捕捞准用渔具最小网目（或网囊）尺寸标准

2.海洋捕捞过渡渔具最小网目（或网囊）尺寸标准

3.《渔业捕捞许可证》中“核准作业内容”修正样式和填写说明

农业部

2013年11月29日

附件 1

海洋捕捞准用渔具最小网目(或网囊)尺寸相关标准

海域	渔具分类名称		主捕种类	最小网目(或网囊)尺寸(毫米)	备注
	渔具类别	渔具名称			
黄渤海	刺网类	定置单片刺网 漂流单片刺网	梭子蟹、银鲳、海蜇	110	
			鳓鱼、马鲛、鳕鱼	90	
			对虾、鱿鱼、虾蛄、小黄鱼、梭鱼、斑人鰶	50	
			颚针鱼	45	该类刺网由地方特许作业
			青鳞鱼	35	
			梅童鱼	30	
		漂流无下纲刺网	鳓鱼、马鲛、鳕鱼	90	
	围网类	单船无囊围网 双船无囊围网	不限	35	主捕青鳞鱼、前鳞骨鲻、斑鰶、金色小沙丁鱼、小公鱼的围网由地方特许作业
	杂渔具	船敷箕状敷网	不限	35	
东海	刺网类	定置单片刺网 漂流单片刺网	梭子蟹、银鲳、海蜇	110	
			鳓鱼、马鲛、石斑鱼、鲨鱼、黄姑鱼	90	
			小黄鱼、鲻鱼、鳎类、鱿鱼、黄鲫、梅童鱼、龙头鱼	50	
	围网类	单船无囊围网 双船无囊围网 双船有囊围网	不限	35	主捕青鳞鱼、前鳞骨鲻、斑鰶、金色小沙丁鱼、小公鱼的围网由地方特许作业
	杂渔具	船敷箕状敷网 撑开掩网掩罩	不限	35	
南海(含北部湾)	刺网类	定置单片刺网 漂流单片刺网	除凤尾鱼、多鳞鱚、少鳞鱚、银鱼、小公鱼以外的捕捞种类	50	
			凤尾鱼	30	该类刺网由地方特许作业
			多鳞鱚、少鳞鱚	25	
			银鱼、小公鱼	10	
		漂流无下纲刺网	除凤尾鱼、多鳞鱚、少鳞鱚、银鱼、小公鱼以外的捕捞种类	50	
	围网类	单船无囊围网 双船无囊围网 双船有囊围网	不限	35	主捕青鳞鱼、前鳞骨鲻、斑鰶、金色小沙丁鱼、小公鱼的围网由地方特许作业
	杂渔具	船敷箕状敷网 撑开掩网掩罩	不限	35	

附件 2

海洋捕捞过渡渔具最小网目(或网囊)尺寸相关标准

海域	渔具分类名称		主捕种类	最小网目 (或网囊) 尺寸(毫米)	备注
	渔具类别	渔具名称			
黄渤海	拖网类	单船桁杆拖网 单船框架拖网	虾类	25	
	刺网类	漂流双重刺网 定置三重刺网 漂流三重刺网	梭子蟹、银鲳、海蜇	110	
			鳓鱼、马鲛、鳕鱼	90	
			对虾、鱿鱼、虾蛄、 小黄鱼、梭鱼、斑鰶	50	
	张网类	双桩有翼单囊张网 双桩竖杆张网 樯张竖杆张网 多锚单片张网 单桩框架张网 多桩竖杆张网 双锚竖杆张网	不限	35	主捕毛虾、鳗苗的张网由地方特许作业
	陷阱类	导陷建网陷阱	不限	35	
	笼壶类	定置串联倒须笼	不限	25	
黄海	拖网类	单船有翼单囊拖网 双船有翼单囊拖网	除虾类以外的捕捞种类	54	主捕鳀鱼的拖网由地方特许作业
东海	拖网类	单船有翼单囊拖网 双船有翼单囊拖网	除虾类以外的捕捞种类	54	主捕鳀鱼的拖网由地方特许作业
		单船桁杆拖网	虾类	25	
	刺网类	漂流双重刺网 定置三重刺网 漂流三重刺网	梭子蟹、银鲳、海蜇	110	
			鳓鱼、马鲛、石斑鱼、 鲨鱼、黄姑鱼	90	
			小黄鱼、鲻鱼、鲷类、鱿鱼、 黄鲫、梅童鱼、龙头鱼	50	
	围网类	单船有囊围网	不限	35	
		单锚张纲张网	不限	55	
		双锚有翼单囊张网	不限	50	
	张网类	双桩有翼单囊张网 双桩竖杆张网 樯张竖杆张网 多锚单片张网 单桩框架张网 双锚张纲张网 单桩桁杆张网 单锚框架张网 单锚桁杆张网 双桩张纲张网 船张框架张网 船张竖杆张网 多锚框架张网 多锚桁杆张网 多锚有翼单囊张网	不限	35	主捕毛虾、鳗苗的张网由地方特许作业
	陷阱类	导陷建网陷阱	不限	35	
	笼壶类	定置串联倒须笼	不限	25	

续表

海洋捕捞过渡渔具最小网目(或网囊)尺寸相关标准

海域	渔具分类名称		主捕种类	最小网目(或网囊)尺寸(毫米)	备注
	渔具类别	渔具名称			
南海(含北部湾)	拖网类	单船有翼单囊拖网 双船有翼单囊拖网 单船底层单片拖网 双船底层单片拖网	除虾类以外的捕捞种类	40	
		单船桁杆拖网 单船框架拖网	虾类	25	
	刺网类	漂流双重刺网 定置三重刺网 漂流三重刺网 定置双重刺网 漂流框格刺网	除凤尾鱼、多鳞鱚、少鳞鱚、银鱼、小公鱼以外的捕捞种类	50	
	围网类	单船有囊围网 手操无囊围网	不限	35	
	张网类	双桩有翼单囊张网 双桩竖杆张网 樯张竖杆张网 双锚张纲张网 单桩桁杆张网 多桩竖杆张网 双锚竖杆张网 双锚单片张网 樯张张纲张网 樯张有翼单囊张网 双锚有翼单囊张网	不限	35	主捕毛虾、鳗苗的张网由地方特许作业
	陷阱类	导陷建网陷阱	不限	35	
	笼壶类	定置串联倒须笼	不限	25	

附表1 福建省沿海地市渔具渔法调查表

福建省宁德市渔具渔法调查汇总表(单位:顶、个、张)

作业类型	作业方式	渔具总数	分布情况		合计
			地区	渔具数量	
刺网	漂流三重刺网	37	福安	37	190568
	漂流单片刺网	90000	霞浦	90000	
	定置三重刺网	11	福安	11	
	定置单片刺网	10010	福安	110	
			霞浦	9900	
	漂流双重刺网	88200	霞浦	88200	
	漂流刺网	1860	福鼎	1860	
	其他刺网	450	福安	450	
钓具	延绳钓具	36	福鼎	36	199
	其他钓具	163	福安	163	
笼壶	漂流延绳洞穴笼壶	81	福安	81	45139
	固定散布	10	福安	10	
	定置延绳倒须笼壶	45000	霞浦	45000	
	延绳笼壶	48	福鼎	48	
耙刺	定置延绳滚钩耙刺	4	福安	4	4
陷阱	滩涂插网	114	福安	114	3679
	延罩海底串网(蜈蚣网)	3527	福安	3527	
	锚锭延绳建网	26	福安	26	
	散布固定串网	12	福安	12	
拖网	单船拖网	252	福鼎	252	365
	双船拖网	24	福鼎	24	
	桁杆虾拖	24	福鼎	24	
	单船底层单囊拖网	65	福安	13	
			霞浦	52	
围网	单船单囊围网	50	福安	50	218
	单船无囊双翼围网	168	福鼎	168	
张网	单锚框架张网	15000	霞浦	15000	38529
	三锚有翼单囊张网	875	霞浦	875	
	单锚桁杆张网	7000	霞浦	7000	
	双锚张纲张网	25	福安	25	
	双锚有翼单囊张网	15017	福鼎	8717	
			霞浦	6300	
	双桩(锚)有翼单囊张网	612	福安	447	
			福鼎	165	
杂渔具	抄网	132	福鼎	132	516
	光诱敷网	240	福鼎	240	
	其他杂渔具	144	福鼎	144	
总计					279217

福建省福州市渔具渔法调查汇总表(单位:顶、个、张)

作业类型	作业方式	渔具总数	分布情况		合计
			地区	渔具数量	
刺网	漂流刺网	92549	罗源	420	119495
			平潭	43700	
			长乐	15650	
			福清	32779	
	其他刺网	26946	连江	26946	
张网	锚张	4110	平潭	4110	23811
	桩张	19701	长乐	1040	
			福清	12823	
			连江	5838	
钓具	漂流延绳钓	760	罗源	760	4676
	其他钓具	3916	平潭	60	
			连江	3856	
拖网	单拖	147	平潭	147	3099
	其他拖网	2952	长乐	2680	
			连江	272	
笼壶	定置延绳倒须笼捕	21000	平潭	21000	226238
	定置折叠式笼捕	2220	罗源	2220	
	蟹笼	6400	长乐	6400	
	其他笼壶	196618	连江	196618	
杂渔具	光诱敷网	135	平潭	64	8745
			连江	71	
	其他杂渔具	8610	长乐	8400	
			平潭	210	
围网	其他围网	492	连江	492	492
陷阱	圆柱形陷阱	4150	罗源	4150	4194
	其他陷阱	44	连江	44	
总计					390750

福建省莆田市渔具渔法调查汇总表(单位:顶、个、张)

作业类型	作业方式	渔具总数	分布情况		合计
			地区	渔具数量	
刺网	漂流单片刺网	294220	北岸经济开发	1000	898208
			城厢	4300	
			涵江	4000	
			湄洲岛管委会	10000	
			秀屿	274920	
	漂流三重刺网	570400	北岸经济开发	51000	
			城厢	4300	
			涵江	3600	
			荔城	18800	
			湄洲岛管委会	34500	
			秀屿	458200	
	定置单片刺网	7680	北岸经济开发	1680	
			湄洲岛管委会	6000	
	定置三重刺网	23800	北岸经济开发	9800	
			湄洲岛管委会	14000	
	其他刺网	2108	仙游	2108	
拖网	双船底层单片多囊拖网	21	北岸经济开发	1	45
			秀屿	20	
	单船表层单囊拖网	22	北岸经济开发	19	
			秀屿	3	
	单船底层桁杆拖网	2	秀屿	2	
张网	单桩框架张网	8520	湄洲岛管委会	1176	8520
			秀屿	7344	
笼壶	定置延绳倒须笼壶	316760	城厢	1200	316760
			湄洲岛管委会	284000	
			秀屿	31560	
杂渔具	光诱敷网	41	湄洲岛管委会	1	41
			秀屿	40	
总计					1223574

福建省泉州市渔具渔法调查汇总表(单位:顶、个、张)

作业类型	作业方式	渔具总数	分布情况		合计
			地区	渔具数量	
刺网	漂流单片刺网	87230	惠安	87110	122616
			南安	15	
			石狮	105	
	漂流三重刺网	28386	惠安	28220	
			鲤城	166	
	流刺网	7000	丰泽	7000	
拖网	单船底层有翼单囊拖网	10046	惠安	410	11242
			石狮	9636	
	双船底层有翼单囊拖网	926	南安	6	
			石狮	920	
	单船拖网	270	丰泽	270	
围网	单船无囊围网	19	石狮	19	31
	单船无囊灯光围网	12	惠安	12	
钓具	垂钓拟饵复钩钓具	6486	惠安	6486	6951
	垂钓真饵复钩钓具	101	南安	101	
	漂流延绳真饵钩钓具	364	惠安	364	
杂渔具	建网	2030	石狮	2030	4010
	飞鱼卵草帘	1650	惠安	1650	
	船敷箕状敷网	298	惠安	73	
			石狮	225	
	岸敷撑架敷网	26	南安	26	
	其他杂渔具	6	南安	6	
总 计					144850

福建省厦门市渔具渔法调查汇总表(单位:顶、个、张)

作业类型	作业方式	渔具总数	分布情况		合计
			地区	渔具数量	
刺网	漂流三重刺网	35495	海沧	2100	41529
			集美	7760	
			思明	4440	
			翔安	21195	
	漂流单片刺网	5180	思明	5180	
	漂流刺网	854	海沧	854	
拖网	单船拖网	20	思明	20	20
围网	单船无囊围网	11	思明	11	11
张网	双锚有翼单囊张网	60	翔安	60	90
	双桩有翼张网	30	思明	30	
钓具	定置延绳真饵单钓	2175	思明	2175	2175
笼壶	定置延绳倒须笼捕	19990	翔安	19990	21990
	定置折叠式笼捕	2000	集美	500	
			翔安	1500	
总 计					65815

福建省漳州市渔具渔法调查汇总表(单位:顶、个、张)

作业类型	作业方式	渔具总数	分布情况		合计
			地区	渔具数量	
刺网	漂流刺网	148	云霄	148	504748
	漂流三重刺网	4800	东山	4800	
	漂流单片刺网	19800	东山	19800	
	定置三重刺网	240000	东山	240000	
	定置单片刺网	240000	东山	240000	
耙刺	耙刺	118	云霄	118	208
	拖曳齿耙耙刺	90	东山	90	
钓具	定置延绳真饵单钩钓具	3200	东山	3200	3200
笼壶	定置延绳倒须笼	188000	东山	188000	188000
拖网	单船底层单囊拖网	19450	东山	19450	19450
围网	单船无囊双翼围网	34	东山	34	34
张网	双桩(锚)有翼单囊张网	1680	东山	1680	1680
杂渔具	其他杂渔具	204	云霄	204	251
	光诱敷网	47	东山	47	
总　计					717571

附表2 福建省内陆渔具渔法调查表

福建省内陆渔具渔法调查汇总表(单位:顶、个、张)

作业类型	作业方式	渔具总数	分布情况		合计
			地区	渔具数量	
刺网	定置单片刺网	4840	三明	3000	40290
			龙岩	1840	
	定置双重刺网	500	龙岩	500	
	定置三重刺网	6104	三明	3029	
			龙岩	3075	
	定置刺网	16000	南平	7731	
			三明	8269	
	漂流刺网	812	三明	812	
	漂流三重刺网	24	龙岩	24	
	其他刺网	12010	南平	10190	
			三明	1820	
笼壶	列布倒须笼壶	2438	三明	2438	39697
	定置延绳倒须笼壶	7400	三明	3820	
			龙岩	3580	
	定置延绳洞穴笼壶	8760	三明	5760	
			龙岩	3000	
	定置笼壶	10580	三明	10580	
	漂流延绳洞穴笼壶	50	龙岩	50	
	其他笼壶	10469	三明	183	
			南平	9886	
			龙岩	400	
张网	双桩有翼张网	111	三明	111	200
	其他张网	89	三明	39	
			龙岩	50	
陷阱	导陷式建网	245	龙岩	245	548
	拦赶式建网	39	龙岩	39	
	拦截式建网	9	龙岩	9	
	拦截式插网 导陷式插网	255	三明	255	

续表

作业类型	作业方式	渔具总数	分布情况		合计
			地区	渔具数量	
拖网	单船表层单囊拖网	20	龙岩	20	20
钓具	垂钓真饵复钩钓具	2500	龙岩	2500	40214
	垂钓真饵单钩钓具	2950	龙岩	2950	
	定置钓具	34385	三明	34385	
	定置延绳真饵单钩钓具	100	三明	100	
	延绳钓具	43	三明	43	
	其他钓具	236	三明	236	
耙刺	齿耙耙刺	50	龙岩	50	50
杂渔具	无囊地拉网	830	龙岩	830	2185
	岸敷撑架敷网	330	龙岩	330	
	抛撒掩网掩罩	216	龙岩	216	
	撑架敷网	32	龙岩	32	
	抛撒掩网	60	三明	60	
	掩网	53	三明	53	
	光诱敷网	60	三明	45	
			龙岩	15	
	其他光诱渔具	12	三明	12	
	手抄网	500	龙岩	500	
	其他杂渔具	92	三明	92	
总 计					123204

参考文献

[1] 黄锡昌. 海洋捕捞手册[M]. 北京：农业出版社. 1990.

[2] 林学钦. 黄伶俐. 冯森. 福建省海洋渔具图册[M]. 福州：福建科学出版社. 1986.

[3] 农业部东海区渔政局. 中国水产科学院东海水产研究所. 东海区海洋捕捞渔具渔法与管理[M]. 浙江：浙江科学技术出版社. 2012.

[4] 孙中之等. 黄渤海区渔具通论[M]. 北京：海洋出版社. 2014.

[5] 戴天元等. 福建海区渔业资源生态容量和海洋捕捞业管理研究 [M]. 北京：科学出版社. 2004.

[6] 戴天元，苏永全，阮五崎，廖正信. 台湾海峡及邻近海域渔业资源养护与管理[M]. 厦门：厦门大学出版社. 2011.

[7] 林龙山，张静，戴天元，等. 台湾海峡西部海域游泳动物多样性[M]. 厦门：厦门大学出版社. 2016.

[8] 张秋华，程家骅，徐汉祥，等. 东海区渔业资源及其可持续利用. [M]. 上海：复旦大学出版社，2007.